美西2500公里╳歐洲8000公里的 商機科普筆記

一窺美國、英國、波蘭、荷蘭、比利時、盧森堡、法國、德國，鮮活零售、生猛文化、出奇攻心、推坑產品……。

目錄

目錄

Chapter 2 英國篇

你不知道的，倫敦在地漫遊趣

曾經輝煌一時、風光無兩的「日不落國」，始終讓我心生嚮往，直到今天，才終於踏上旅程。

Chapter 3 歐陸篇（波荷比盧法）

不會找路看熱鬧，大內高手窺門道

零售市場的踏查之旅，從美西跨進歐陸，行蹤繼續深入內陸，展開 8000 公里的長征，不只熱鬧紛呈，還有獨家商機門道，帶領一窺在地零售產業的堂奧。

目錄

附錄
好物開箱 & 歐陸旅行小事

零售業是一整座森林，店家如樹木，商品則是樹葉。旅程的終站，我們也來掃掃落葉。

推薦序一　你會如何去認識一座城市？

買本旅遊書，不論是必買特色商品，還是必遊景點，沿線拍照打卡，完整記錄自己的足跡；抑或是隨著 Youtuber 的影片，透過味覺與嗅覺，去記憶當地的味道，與這座城市的人們一起分享美食的愉悅。

零售文化，觀察與解謎的旅行

我想我會跟 Rosida 一樣，選擇在城市裡遊逛，大到購物中心，小到街邊小店，沒有特別的購物目的，只想觀察這裡的「人」在做什麼，為什麼要這樣做？或許你會說這些商品台灣也有，但我相信只要放下既定的想像，仔細觀察，故事絕對跟你想得不一樣。

例如，在台灣大家習慣整袋買的包子，在日本卻被做成了禮盒；而在歐美當成主食的烘焙麵包，在台灣卻更像精緻伴手禮。零售是文化與生活呈現出來的樣貌，而 Rosida 的新書，就是一次帶著你觀察與解謎的旅行，沒有複雜的文字解釋，而是給你更多有趣的照片，供你自己觀察。

與 Rosida 合作的緣分，來自我第一次踏入零售產業，啟蒙了我對零售觀察的習慣與觀點，直至今日，在我的創業過程中，仍然影響深遠。如果你也是一位零售業的創業者，我會推薦這本書，尤其是在疫情影響下的市場中，或許可以找到新的切入點；如果你是一位喜歡旅遊，並對這個世界充滿好奇的人，也推薦你看看，因為你可以獲得另一種觀點，重新認識曾經旅遊過的這些城市。

O season 輕珠寶品牌創辦人
林俊佑

推薦序二 ╳ 零售，就是贏在那些小地方！

認識承天，感覺已經有半個世紀那麼久了。

在台灣，她擔任文青風生活用品連鎖店的行銷企劃；在大陸，她延續自我優勢，從事行銷方面的工作。

多年的工作經驗，造就了她有一雙敏銳的眼，透過行銷角度的思維，總能看到一些我們漫不經心忽略的小細節。

深入歐陸，毫無負擔的雲端輕旅行

近年來，因緣際會之下，承天經常有機會在歐陸常駐。

這一本《零售點睛術：美西 2500 公里 x 歐洲 8000 公里的商機科普筆記》，已經是承天的第二本歐陸市場觀察書，能夠出到第二本書，讀者的支持無庸置疑。

在市場競爭的旅遊書當中，承天老師的書能夠脫穎而出，個人的觀察，可以歸納以下三點：

一、不用華麗的詞藻堆砌

書中的文字清新脫俗，沒有過度的華麗文藻堆砌，讓人讀來特別輕鬆愉悅，彷彿自己親身走訪其中。

再輔以大量珍貴的照片，隨著老師的文章優游，一會兒拜訪超市、一會兒漫步在小鎮的園藝店，吃著不知名的冰淇淋，搭配再簡單不過的薯條，驚奇於冰淇淋的樸實原味，薯條的多樣創意醬料，你是不是也覺得生活就該如此愜意，如此隨心所欲、享受生活，主導又隨興，拋開繁忙的工作枷鎖，隨著作者平實順暢的文

筆，帶著讀者來一趟毫無負擔的雲端輕旅行。

二、深入日常生活大小事

有別於一般的旅遊書，書中不是帶我們去著名景點，而是帶我們深入歐陸尋常人家的日常生活。

我們不去高山峻嶺、我們不去世界八大奇景；我們駐足在歐陸，跟著市民過著柴米油鹽。因為作者不是去觀光，而是真實地在當地生活，所以，更能從氣候、風俗、民情，深入淺出地剖析彼此生活上的不同。

作者曾在作品中提到，教堂周邊廣場所形成的市集，就像是台灣的「廟口文化」，多麼貼切的形容，讓我們秒懂作者所要呈現的概念。不以觀光客的角度看熱鬧，卻以在地住民的眼光看教堂；有深度、不虛榮，有反思、不批判；忠實呈現，留待讀者細細品味。

著眼於日常生活小物，深埋小確幸彩蛋。一下討論「牙膏」，一下研究「鬆餅」，這些生活中的必需品，蘊藏中心思維、生活態度、生活哲學，發人省思。

三、專注細節貼心小貼士

當然，回歸到書的本質，它終究還是一本所謂的「旅遊書」，所以，在旅遊的細節上，因為不同的風土民情，所造成日常生活中不同的習性，書中有細細貼心的提醒。

讓你在旅遊的過程中，擁有充分的準備，讓你在旅遊中不會有措手不及的倉皇，可以在輕鬆的心情下，有著完善的準備，盡情享受異地風情，而沒有任何旅遊的不適。

再次專注於作者的用心，誠心推薦這一本《零售點睛術》，如果你想輕鬆自助旅行，你該擁有它；如果你想深入平民生活，你該擁有它；如果你想探究零售細節，你該擁有它；如果你想享受歐陸確幸，你該擁有它；我可以繼續書寫 100 種需要擁有它的理由，所以，不囉嗦，就讓我們擁有它吧！

《為什麼他賣得比我好》作者暨金牌銷售教練
陳家妤

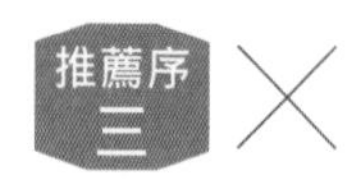

周遊歐美八國，盡顯多年零售業真功夫

我和 Rosida 相差 12 歲。（應該看得出來是誰比較大吧？）

20 年前，她還是我的職場主管，我們號稱是「兩隻老虎」，個性也真的像老虎一樣，充滿幹勁。

沒有「長輩」樣子，只有熱情無限

那時候我就覺得，這個大我 12 歲的主管，一點都沒有「長輩」的樣子。

溝通沒有代溝、思想不死板、個性充滿熱情，又有赤子之心，難怪能和我們這些後生晚輩打成一片。

有時候，連我都覺得跟不上她進化的腳步。

20 年後的現在，我們都已離開職場，歲月雖然讓我們樣貌成熟了點、體態變大了些，但 Rosida 還是一樣是 Rosida。

這幾年，看她學唱歌、經營臉書社團、周遊列國、寫作出書，真的非常充實。

外行看熱鬧，內行看門道

2017 年，Rosida 出版了《德國市場遊 歐陸零售筆記：可以學 x 可以看 x 可以吃 x 可以買》真的讓我大開眼界，原本以為書裡都是她在歐洲玩樂，當貴婦的遊記，沒想到書裡她把自己多年的零售業真功夫拿出來，認認真真地在做功課，把德國零售業深入淺出地介紹給讀者，創下了很好的成績。

2020 年，在眾多讀者敲碗下，Rosida 又出版了這本《零售點睛術：美西 2500 公里 x 歐洲 8000 公里的商機科普筆記》。

這次，Rosida 要用這本書帶領著大家周遊歐美八國，一窺美國、英國、波蘭、荷蘭、比利時、盧森堡、法國、德國，看看這些國家的商場、商店、特色小舖，新奇好玩的發現。

外行看熱鬧（旅遊、購物），內行看門道（零售、行銷）；在不能出國的現在，Rosida 的這本書來得正是時候啊！

連續創業家 & 作家
崴爺

自序 ╳ 零售長征路，走看點睛，從觀察力開始！

2017 年，累積 100 天、5600 公里的歐洲自駕大冒險，集結出版了《德國市場遊 歐陸零售筆記：可以學 x 可以看 x 可以吃 x 可以買》。

對我而言，正是一個光榮記錄，行走過程加上 30 年行銷背景的歷練，每個景點自然融入了零售、行銷，或是店鋪管理的眼光，相對於理論派的商業作品，這份分享相對不那麼嚴肅，既鮮活有趣，也更貼近在地市場。

走看壯遊，繼續零售長征路......

出書之後的 2 年間，依舊在世界各國到處來去，每一次都是一場深度旅遊，因為在各地停留的時間至少 1、2 個月，深入當地文化，不知不覺中累積不少有關消費市場的觀察，因此，有了零售長征路的續篇。

對於不管是想要單純旅遊的讀者，或者是想在專業領域更進一步加強國際觀的朋友，都能夠藉由本書墊高觀看的視野，並且有所斬獲，這也是自己寫書最大的宏願。

不過，對於出版和讀者而言，我的書因為無法歸類而顯得獨特，一來，它沒有傳統的旅遊路線，其次，它也沒有告訴你如何抵達景點、怎樣旅遊，亦沒有交通訊息。如果真的想去德國觀光，光看這一本書顯得不夠。因此，放在旅遊市場的書籃裡，倒也奇怪。

然而，要是以零售市場、店鋪管理的角度聚焦，放到商業類的算盤中，它又沒有方法、沒有理論，更沒有解剖招數，讓人依循再創獲利高峰等，於此並不成立。

反過來講，就因為兩者皆有或沒有，更吻合當下「斜槓」

需求——現今旅遊市場已非按圖索驥，每個人的旅遊經驗都不一樣，如果只停留在：「我買一本書，照他的方法走一遍！」其實是相當可惜的一件事，而且這樣的族群在大幅減少，大部分讀者喜歡融會貫通，既然如此，就絕對不能把我的作品當作一般旅遊書。

市場實戰，鮮活碰撞，炒出生猛風味菜！

台灣零售市場非常蓬勃，不管是自己開店，或是國際連鎖企業在台灣展店，經過這麼多年來，台灣已是一個非常成熟的經濟體，業界有非常多的趨勢專家，學界也有教授零售市場的學者。

回歸實務層面來談，市場需要真實的在地經驗，而我透過旅途中的走看「親臨實戰」，可以鮮活比較各地零售的出彩之處，無形中提供台灣業者一個深切的借鏡。

因此，「旅行」和「商看」兩相結合，一次切入兩種角度，猛然翻轉成本書的獨特優點，就算只是想要單純走馬觀花，看看國外到底什麼東西好買，在本書裡也可以找到不少寶藏，這是我對於本書的定位，也希望讀者在其中能夠找到自己想要的東西。本書是一個零售市場的實戰經驗，深入現場去觀摩，並把相關資訊帶回台灣，讓台灣的從業人員或讀者有所比較、參考。

《德國市場遊 歐陸零售筆記》以德國為主要場景，其中包含一小部分義大利、瑞士與法國，之後我的行蹤也繼續深入德國，走進波蘭、荷蘭、比利時、盧森堡、法國等路線，也到了英國倫敦，雖然還在歐洲領域，但跨出了歐陸。

接下來我又去了美國西部，美西已經有許多的華人，還有什麼好記錄的呢？由於我是從最北端（西雅圖）到最南端（洛杉磯），橫跨了華盛頓州、奧勒岡州、內華達州、加州，跑了不少地方，開車自助里程超過 2500 公里，隨後再轉入歐陸長征 8000 公里的旅途，一路觀察美國、歐洲在地零售產業，因此本書把這趟有趣的體驗作為筆記重點，加以分享。

零售氛圍「三必思」——庶民小吃、大麥克（星巴克）、便利商店

首先，我要闡明零售市場和文化息息相關，不同地方的零售有很大的落差。

同樣地，今天前往日本、韓國、東南亞，或到中美洲、南美洲，發現每個地方之所以形成那樣子的零售氛圍，肯定和它的政治、文化、經濟有關，這也是為什麼我覺得零售非常迷人的一點，因為它是政治、文化、經濟的縮影。

不管大家是否瞭解該國的政治、經濟、文化，當你走進它的店家，就知道因為這樣的政治環境，才有如此的銷售模式；由於先天的經濟條件，產生這種樣態的店鋪；因為文化背景，形成當地的消費習慣。長期投身流通零售業，我覺得想要真正認識一個國家，就是走到它的店裡面，才能真實「接地氣」。

我在第一本書舉了很多例子，包括所謂的庶民小吃，每到一個國家、地區，看看當地人吃什麼？用什麼？再者，談及一個地方的經濟發展時，有所謂的「大麥克指數」，就是麥當勞的大麥克漢堡到底賣多少錢？最近，我覺得也可以稱之為「星巴克指數」，因為到處都有星巴克，透過不同國家的星巴克，

觀察各別採用什麼樣的經營模式？或是做了哪些調整？進一步瞭解其中的差異。

當然，連我們都相當熟悉的便利商店，也是一項重要的觀察指標，可說是一種非常便利的零售業態。歐美國家也有便利商店，在這裡又扮演什麼角色？它們跟台灣有什麼不一樣的地方？代表意義和消費行為，又有什麼樣的關聯？因此，本書會提到不同地區的便利商店，連帶也會介紹一些加油站的業態。

當你需要在某個地方生活一段時間，肯定就會到餐廳、需要購物，因此本書花比較多的篇幅，一路從美國、歐洲各國，深入介紹當地商家、物價，也從不同面向來看整個消費市場，以及文化背景之下，所形成的零售方式。

零售點金，商機大無限

上本書聚焦在「筆記」，有筆記，便有觀察；第二本書《零售點睛術》也是觀察，那麼什麼叫做觀察？

很多讀者和朋友跑來問我：「我同樣也去過那些地方，為什麼我都沒有發現？」、「我也去了那些地方，妳拍 1000 張照片，我可以拍 2000 張，但是為什麼妳看到的東西，我沒有看到？」也有人會告訴我：「我在那裡住了 2 年，妳只去了 2 個月，為什麼我都沒有看到？妳怎麼看到那麼多東西？」

◆觀察力——

我想要在此跟大家分享，什麼叫做「觀察力」？觀察力當然有一些前提，第一個前提就是經驗，為什麼我能夠有這些記錄？正因為過去累積了非常豐富跟完整的零售經驗，換一個角度來說，就是夠資深。

◆敏感力——

再來要夠敏感，所謂敏感的意思是說，同樣的事情，可能經過你的眼前，你沒有任何感覺，但是我對人事物都非常有感，這層「感受力」，讓我跨越語言的隔閡，也許語言不通，從肢體語言、表情、動作、眼神等，依然可以感受到旁人的狀態、消費的氛圍，像是今天這位顧客可能有一點點生氣、店員或許早上被老闆罵了……。

◆時間力——

觀察力也是需要花時間，以前到日本出差，同時進行店鋪管理的考察，當時只是消費者的身分，沒有辦法訪問到社長、店長或採購經理，只好在店家前面「蹲點」——從開門起就站在對面，或是找一家咖啡店坐下來。

首先，我會觀察怎麼開門，先開門？還是先開燈？店員什麼時候把東西拖出來？因為店門口通常會陳列海報架或花車等，並留意開店時有幾個人？這個店的坪數多大？越大的店，人力配比如何？透過玻璃櫥窗還看得到，營業時走進去、走出來多少人？每個人在裡面待多久？提袋率如何？說起來的技巧和方式，通通都是「等」出來的結果。

同時，也要看閉店（哈，不說關店或關門喔！聽起來會像結束營業或倒閉），觀察打烊前的各種準備，店家是否會提前播放歌曲，像是費玉清的經典晚安曲，優雅地提醒客人加快腳步？哪一些區域先關燈？哪一樓層先關電梯？哪一些店先收東西？大家應該也有這樣的經驗，因為店家要打烊了，店員會催促趕快結帳，或是告知收銀機已經關掉了……，這些都是店鋪管理的細節。

有些店鋪閉店後，關掉所有的照明設備，有的留下櫥窗燈，有的則會留櫃檯燈，因此當你經過店鋪的時候，看到櫃檯有一盞小燈還亮著，可能剛好映照著它的 Logo，營造出特殊且迷人的氣氛。

疫情衝擊？沉潛後再起風雲

因為過往零售背景的學習與養成，如今走訪一個地方，自然而然就會啟動「觀察天線」，當我坐著吃午餐的時候，就會開始計算隔壁店家進去多少人？出來多少人？有多少提袋率？已經變成了一種本能。

同樣地，坐在一間餐廳裡頭，我會觀察左邊、右邊、前面、後面的人，各別點了什麼餐？他們的消費大概有多少？滿座程度如何？有沒有翻桌率？這些都變成旅遊時的有趣功課，在腦海裡不管是盤算、計算、演算，通通化成本書的肥沃養分。

因應全球後新冠肺炎疫情時代，旅遊與各種零售市場，面臨到前所未有的震盪與衝擊。

透過這本零售考察新書，一來希望能夠讓宅在家中、無法出遊的人，有一個想像和喘息的空間；二來，希望能透過零售業態的現場考察，思索未來復甦的作法與因應。如今，儘管危機當前，只要腦袋跟著翻轉，就有找到可能的轉機，現在正是穩紮穩打的最佳時機，閱讀本書，就是厚積軟實力的最好準備！

可以出門的時候，就盡情飽覽市場風光；不能出門的時候，就看書吧！零售「吸睛」，自然也能「吸金」，寫下這些在地觀察，分享一點點還算精彩的小撇步，希望提供自己不只是一場「走馬看花」的紙上旅行，還能夠在某些地方有所獲得。

本書不只是一本繽紛熱鬧的零售科普筆記書，裡面還有更深一層的體悟與反思，經過思索和整理之後，才得到的訣竅與結論，讓我們一起迎接下一輪零售的太平盛世。

朱承天
Rosida
2020.6.16

前言 世界會恢復原來的樣子嗎？——怎樣面對後新冠肺炎疫情時代

2020 真的是不好過的一年。從年初開始，就一直沒有什麼好消息。

到現在，新冠肺炎的疫情不僅席捲全球，甚至很多地方還沒有和緩的跡象，一路所產生的衝擊，不管是政治還是經濟，都大到難以評估。

新秩序是什麼？我們準備好了嗎？

當我面對超過千張之前行遍各地的零售業照片，面對數萬字所寫的分享內容，甚至面對幫我整理編撰，給我打氣、給我意見的博思智庫出版團隊，幾乎經常是顫慄緊張的。

我在出版前夕，真的有點夜不能寐。因為，世界局勢變了，運轉的腳步停了，人際關係遠了，零售業都按下暫停鍵了，我還要出版這本書嗎？有讀者要看嗎？有業者關心嗎？或是說，我要怎樣看待之後如何呢？當一切都已經無法恢復原來的樣子，那麼這是一本歷史故事書嗎？

很多人在這次全球疫情當中，失去工作，失去自由，失去時機，甚至失去健康，失去生命，失去親友。更多人在惴惴不安中，對於自己的未來，不管是工作，還是生活都一片茫然。當然，疫情終究會過去，世界也終究會恢復秩序。

但是，新秩序是什麼？我們準備好了嗎？

把焦點集中在零售業吧！我們看到關掉很多商店，不管是百貨、餐廳、連鎖店、服飾品牌、路邊店面，不管是台灣，還是歐美日韓，以及中國大陸，許多我們熟悉或是

不熟悉的品牌，都向後轉，一去不回了。加上旅遊業全球暫停，許多業者因為沒有觀光客和商務旅客的消費，小到一家店倒閉，大到一個小鎮、一個城市，甚至一個國家都面臨經濟大幅衰退的難關。

世界這麼大，我還想去看看……

但是也要打起精神，不要認為自己在寫歷史書，必須看出來，那些不變的是什麼？我們可以依靠、依賴的是什麼？我們可以當作真理分享的是什麼？

首先，我認為人性沒有變。所以零售業裡面，那種可以感動人心的互動和接觸，永遠都是我們所需要。我們需要實體店面的真實，我們要銷售人員的問候和微笑。我們要商品碰觸時的驚喜與溫度，我們也要眼光所到之處的美感。所以，疫情過後，這些仍然是大家心裡的念想。

其次，透過更多的科技發展，我們可以更快速跟便利地使用網路購物或是虛擬消費。但是，沒有實體通路的支撐，網路上的冰冷，還是很難單獨喚起我們的慾望，因此，更需要有體驗消費的設計與平台。

最後，當然要談到旅遊所帶來的整體氛圍。「世界這麼大，我想去看看」的心，只會更為強烈。趁著年輕，趁著健康，趁著心情美麗，趁著行有餘力，為什麼不去呢？我們要的是更安全，並不是要關起門來封閉自己。那麼，走吧！因應旅遊的零售產業，最終還是要有新的篇章。

至於這場疫情是否是反全球化？我覺得是雙軌並存，反全球化固然被強化，導致區域經濟儼然成為顯學。實際上，因為病毒加上資訊的加速，其實，區域化是全球化另類的複製，零售業最終無法獨善其身。

希望疫情過後，大家仍然可以在我的書中，找到過去歐美各國零售業累積的美好。更希望能在重新出發時，也在我的書中，看到未來的美好善良與希望。

美西篇

Chapter 1

不讓市場專「美」，零售龍頭換人當？

市場後浪推前浪，前浪更應樹立新標竿，單一零售無法專「美」於前，那麼就開枝散葉，共同撐起一片天！

PARK WAY
CertainTeed

1-1

NORDSTROM 百貨鞋區 × 穿鞋之前，先量腳！

鞋區是百貨公司的金雞母之一，進門之後，先為自己找雙好鞋吧！

百貨公司金雞母，從「腳」開始搶客

西雅圖位於美西最北邊，那麼就從西雅圖的百貨公司開始講起！

鞋區算是百貨公司的金雞母之一，「女鞋區」通常和化妝品都位於百貨公司的一樓。這裡可能集合了各式各樣的品牌鞋子，每逢週年慶時期，一定人滿為患，大家在成堆鞋子中尋找戰利品。

百貨公司的鞋區除了分男鞋、女鞋外，加上運動休閒市場的蓬勃發展，使得不只在 1 樓女裝區，2 或 4 樓的男裝區，或是運動區也有非常多的鞋款。運動鞋通常還會分品牌，因此在比較高樓層還找得到品牌鞋專櫃，兒童區也有專門的兒童鞋區，但本篇比較偏向於男鞋、女鞋，亦即和正式服裝放在一起的這種鞋區。

為何特別介紹這家百貨公司的鞋區？

它有一項相當獨特的銷售工具——量腳器。

大致而言，每個人應該記得自己鞋子的號碼，其中包含三種規格，第一種針對一般皮鞋，以女生為例，大眾鞋號可能落在 37，男生則在 40 到 42；第二種針對球鞋，女生鞋號可能是 23 到 24，男生則是 28 到 30。

第三種稱為美國鞋碼，例如女生會說：「我自己穿 6 號鞋！」男生的腳大一點，可能說：「要 9 號才穿得下！」所以，台灣消費者記得自己腳底板的尺寸，可能就會分成三種。

當我們去買鞋的時候，依據不同的狀況，告訴服務員自己穿幾號鞋。某些運動品牌，店內會有一種量腳器，基本上是測量「長度」，換句話說，就是把鞋子往上比對一下，就知道自己是幾號，方便銷售人員查找鞋子，提供接近的鞋號。

管很「寬」？只為獨一無二的腳

然而，這家百貨公司的鞋區，它的量腳器竟然還有「寬度」！

針對鞋類商品的分析，每雙腳的長相都不一樣，有所謂的羅馬腳、希臘腳、埃及腳……，對於消費者而言，也許不太清楚自己屬於哪一種腳型，甚至也不太會注意腳的寬度，只會覺得：「奇怪，我穿這種鞋型比較好看，為什麼穿那種鞋型就不好看？」其實跟自己的腳型有非常大的關聯，例如長度、寬度，還包括厚度，有些人的腳背比較高，因此試穿鞋子時會發現：「奇怪，同樣的尺寸，我為什麼穿不進去？」有的人的腳比較薄，若是選擇沒有帶子的鞋子，無法服貼密合，腳後跟就容易掉出來。

既然我們的腳有這麼特別的狀況，銷售人員的專業度自然會被凸顯出來。有些銷售人員相當貼心，他看腳型就知道哪一些鞋型比較適合你，推薦的時候，顧客比較不會充滿挫折，有些銷售人員如果不清楚，只會告訴你：「沒關係，你就盡量試，幾號的腳就去試幾號的鞋！」當你試了好幾雙，發現都不適合自己的時候，通常就會調頭而去：「算了，算了，這裡沒有我喜歡的東西！」

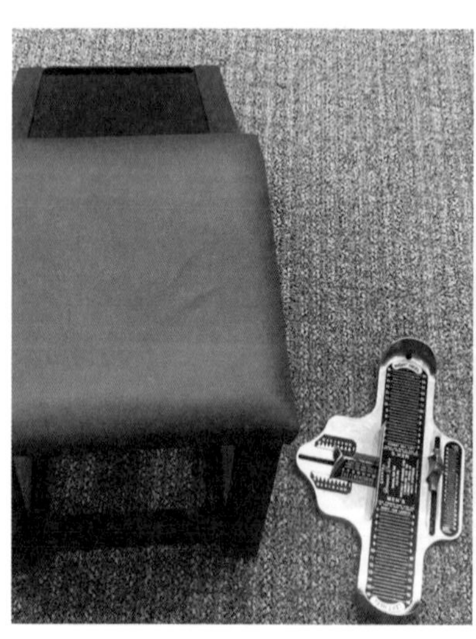

回頭來談這家百貨公司的量腳器，它特別丈量寬度，於是解決了寬窄不一的問題，同樣類型的鞋子，也有寬版和窄版，當顧客上門的時候，自然能夠快速找到因應的鞋。如果銷售鞋子的時候，進一步提高細節的專業度，一方面銷售人員能夠提供更好的服務，另一方面，顧客容易找到真正合意的鞋型，自然感到無比貼心，成為一種良性循環。

腳凳服務，貼心面對面

除了量腳器以外，可以看到這家百貨公司的鞋區，銷售人員有一個專屬的腳凳，方便坐下來服務。

買過鞋子的人就知道，需要和銷售人員對話的時候，通常都是你坐著，然後對方「有些吃力」地蹲在面前，如此的話，視線交會以消費者為尊，只是蹲久了，不僅對方不舒服，自己也覺得不太好意思。

若是銷售人員只是站立說話，你就不免要抬頭看，試著一雙新鞋子，視線又上又下，找不到一個合適的方式，反而造成階級差異，最後雙方心情都不會太愉快。

我們可以看到這間百貨的鞋區，居然有一個銷售人員的腳凳，這個腳凳前面是一個斜面，當你試鞋子的時候，還可以把腳倚放在斜面上，如果需要綁鞋帶，對方也就可以很方便地協助。

這兩項工具讓整體變得相當細心和專業，同樣是百貨公司的鞋區，為什麼這家百貨公司不僅沒有受到電商影響，同樣保有忠誠的來客？

我認為，這兩項工具功不可沒，貼心的店家造就忠誠的顧客，無形中讓消費者願意再次走進來，然後享受專業的服務，這類鞋區是較為少見的設計，我在台灣目前也還沒有見過。

1-2

STARBUCKS 星巴克未來旗艦店  不在星巴克，就是往星巴克的路上！

當我們來到西雅圖，自然而然就會想到星巴克！

星巴克旗艦店，耐人尋味

行銷全世界的星巴克，起源於西雅圖，因此來到了這裡，肯定要到創始店朝聖一番！很多消費者果然到此一遊，我覺得比較稀奇的地方，在於呈現出一個全新概念的未來旗艦店。

目前為止，全世界只有 6 家這類旗艦店，台灣尚未引進，也有人認為是星巴克的新品牌，如同麥當勞有「McCafé」，到底是升級版咖啡？還是以後可能單獨開

立「McCafé」專門店？在在引人尋思，耐人玩味。

它的 Logo 識別和星巴克不同，女神不見了，改為上面一顆星星，下面一個大大的 R 字，為此讓大家認為屬於一個新品牌？抑或是升級版？星巴克對此也沒有明確訊息，因此可先視為另外一系列的店型，也可視為新概念的未來旗艦店，後續都有待觀察。

此店完整展現出整合概念，星巴克本身已經結合咖啡、餐點，以及販售零售咖啡杯或沖泡咖啡的延伸產品，以上的三大概念形成星巴克獨特的氛圍，彷彿是每個人自家的客廳、書房，或者工作室。

因此，這裡發現當它想要進一步擴大的時候，需把這三個功能（function）再增加，於是首選就是咖啡，繼續深入挖掘，正因很多「咖啡控」覺得星巴克咖啡還不夠專業，期待現沖現泡，不管是虹吸式（Syphon）單獨的手沖咖啡、可以自選咖啡豆呈現出研磨狀態，或者提供自行烘焙，以上這些都在「新星巴克」這個地方全部實現。

甚至於像是一座咖啡工廠，可以看到非常多的原豆，當場採用專業的機器烘焙，顧客可以看到烘焙後深淺不一的成品，完整呈現出一條透明的生產線，相當豐富又壯觀。

世界咖啡豆滿座，強勢整合無法擋

「我們有來自世界各地不同的咖啡豆，你要哪一種？」在這裡，除了可以看到咖啡工廠，當然可見各式各樣的咖啡豆產區，有一格又一格不同的咖啡豆供點選、研磨，也可以帶回家。坦白說，我不太喝咖啡，也分辨不出差異，但是懂咖啡的人看到這樣的布置，肯定相當高興，專業度滿分。

另外一區就像是個吧台，坐在吧台前面，可以與手沖咖啡師傅對話，他會問你：「今天想喝什麼？要不要試喝哪一種呢？」可以點選喜歡的咖啡，現場直接服務，甚至試喝，像是品酒一般，這裡可以悠閒品咖啡。我觀察了這種概念店的bar，在西雅圖可不只有一家，而且後面永遠都有人在排隊候位，顧客絡繹不絕。

還有一處座位區可以品嘗甜點，食物來源不是從冰櫃端出來，而是擁有獨立廚房，提供現點現做，舉凡三明治、沙拉都可以在用餐區旁邊，現場料理，完完全全就是一個正式的餐廳，此外也有麵包烘焙。

不管是咖啡工廠、咖啡豆的烘焙與研磨，或者是手沖咖啡、餐廳、烘焙坊，其實都可以獨立存在，但是把它們整合在一起的時候，就會產生一個新的概念，讓顧客知道在這裡，不只可以得到跟星巴克一樣的享受，還能體驗嶄新的氛圍。

另外，這個「星星記號下面加一個R」的品牌標誌（Mark），自然有自己的周邊商品，或許它想要傳遞一個全新概念，這種組合概念在連鎖店來講，分開來或許沒有稀奇之處，但是把它放在一起時候，就會發現它並非創新，而是組合。

不都說團結力量大？全部放在星巴克的大傘底下後，竟然成就一個新的 lifestyle，加上外帶服務，完全實踐了超強勢的整合行銷啊！

1-3

CAFÉ BAR 西雅圖咖啡吧 × 吸聚目光，零死角空間大挑戰！

在西雅圖還能存活下來的咖啡店，想必有它的過人之處，肯定更值得觀察。

獨立咖啡店，也能殺出一條活路

西雅圖是星巴克的大本營，星巴克在西雅圖猶如 7-11 一樣多，幾乎每一個轉角都有星巴克，傳統書店、大學校園裡頭隨處可見，也緊跟著學生餐廳林立，可謂無所不在。

在此概念下，獨立咖啡店就沒有生存空間了嗎？答案是有的，越是高度競爭的地方，越可能創造出更多新的商機。就像很多人認為，台中是台灣餐飲的發源地，

很多新類型餐廳或餐飲新構想都會從台中冒出頭，因此有了一個新 idea 的時候，要去哪裡試水溫？到一個不太有競爭的地方？還是到蛋黃區，直接殺出一條活路來？當然是後者。

只要這裡活得下來，到哪裡都不成問題，你說是嗎？我猜，西雅圖之所以存在眾多獨立咖啡吧，應該也有類似的概念，因此能夠在西雅圖存活的咖啡店，肯定更值得去觀察，其中或許有過人之處。

不少更特別的小型單一咖啡店，進入競爭激烈的紅海戰場，能與星巴克一爭天下，不在此多做著墨，我想介紹的是這種可以走到連鎖的 typical case，這樣的咖啡店比較值得觀察。這篇介紹的 CAFÉ BAR 可以說雖是連鎖店，卻也是風格鮮明的獨立咖啡館。

視線全穿透，挑戰 360 度零死角

獨立咖啡店很多，這家就叫做 Bar，既然叫 Bar，當然要有個相對性比較特別的規劃，這裡就用一個「中島吧台」的概念，把廚房工作區完全放在正中央，包括廚房、工作區都放在其中，比起開放式廚房可說更徹底。

360 度無死角環境，挑戰是什麼？消費者可以從不同角度完全檢視，因此所有存貨與現場都必須非常乾淨，強調整體穿透性，於是冰箱、冷藏櫃都要做得比較低，讓顧客能夠一目所及。如果只是把東西放在中間，消費者還得繞著它走，就不叫穿透，反而是一種阻隔且毫無美感，真正具有穿透性的「咖啡吧」，就直接把工作區放在正中央，吸聚所有人的目光。

這家店的價位和星巴克不相上下，透過照片可以發現，食物、環境，甚至管理和備料都禁得起挑戰，工作區域相當寬敞，座位區也很大，加上明亮的設計，裝飾很多的綠色植物，自然、時尚又美觀，不管是點杯咖啡或是來份早餐，都非常享受。

有些星巴克的店別，雖然貴為舉世知名的連鎖店，當我們在旁等待的時候，不免偶爾發現裡面好像有些小混亂，人為操作，在所難免。然而，這家店竟然膽敢把這些小混亂，通通 open 給大家看，肯定是它的管理有過人之處！

1-4

Macy's 百貨 ╳ 原來是自己輸給自己！

沒有與日俱進的百貨，先被自己打敗了，而後就會被外在所淘汰。

不敵大環境，百貨吹起閉店潮？

Macy's 是美國一家非常老牌的百貨公司，和另家 JCPenney 百貨都在關店中，原是美國數一數二的百貨業者，最近 2、3 年一直在關店，對於零售業來說是一件非常可怕的事。如今又碰到疫情，更是雪上加霜。

這兩家百貨在很多美國中小型城市等於是主力商店，在購物中心佔了很大的位置，當營運狀況開始不好，陸續收掉以後，那些中小型城市的購物中心就完全找不到可以替代的業者，對於整個營運，也會產生連鎖效應，甚至對生活機能都造成影響。因此，這兩家百貨關店絕對不可只視為零售業的調整而已，它在美國的影響可說非常深遠。百貨公司家數的減縮，影響人力市場與購物中心的營運，甚至於牽動當地房價，趨勢發展下很是令人擔心。

先來比較一下這兩家百貨公司，當我走進去，發現原來是被自己打敗的！首先，Macy's 似乎 30 年前就是這個樣貌，至今沒有任何改變，白牆面、平頂天花板，搭配冷冷日光燈作為照明，已經顯現出老舊的氛圍。

也許，過去能夠把這麼多商品集中在一個樓面，就足以滿足消費者所需，隨著時代演進，卻沒有與日俱進，反而停留在之前的陳設，卻又沒有古樸的感覺，只有老舊感，陳列方式、燈光布置沒有跟著調整與提昇，完全不具任何吸引力。

兩家百貨消費族群鎖定在 50 歲以上，不僅人少，年齡層也偏高，這趟美國行的過程，一些年輕朋友告訴我，他們從未想要踏進裡頭逛逛。

從另一個角度來談，很多人都說是被網路打敗了，這些物品如今都可以上網購買，大家並不需要來到實體店挑選，不過這只是原因之一，最重要的還是先被自己打敗，而後被外在給淘汰。

適得其反的手推車，竟加速滅亡？

JCPenney 百貨公司在這兩年，引進如小型超市一般的購物推車，以為這些貼心舉動，可讓大家方便購買，其實適得其反。一旦加入購物推車以後，加強消費者「這是一家廉價店」的印象，拉低了百貨層級，造成業態的錯亂，反而無法找回原來的盛況，這個案例可以作為一種借鏡。

零售業下一波的關店潮是快時尚，確實是一個問題。一波波的關店潮與蕭條聲浪，也有一些新概念正在醞釀，就整體商業發展而言，本來就是優勝劣敗，自有生命週期的汰換。因此，我才說這兩家百貨公司是被自己打敗，留意趨勢的變化是相當重要的一件事。

至於電子商務，當它發展到一個極限以後，會發現消費者還是喜歡到實體店，實際感受商品的樣態，所以零售絕對不會被淘汰，正因為人是感官動物，不會只想透過網路就解決所有日常所需，那是不可能的事，有些東西就是得要實體感受，因

此業者一定要留意到這一點，就能抓緊消費者的心。

工作忙碌的時候，大家可能會叫外送、外賣，可是餐廳還是有它存在的必要，兩者之間差別在氣氛，除非未來某一天，只要吞一顆藥丸就解決一餐……，否則餐廳不會被淘汰，因為人有五感六覺，視、聽、嗅、味、觸必須被滿足，購物或用餐的過程中，享受到某種難以取代的愉悅與幸福。

電商的主要優勢在於快速和價格，我覺得電商沒有遊逛的樂趣，只是獲得翻頁、比價的快感，不如實體店面可以直接感受物品的材質，帶來更大的樂趣。所以，如果把實體店家的失敗單單歸咎於電商的崛起，其實是把問題看得太淺了，缺乏更深層的探討，等同於畫地自限啊。

疫情造成電商繼續成長，實體通路奄奄一息的狀況更嚴重，但是我相信，實體通路仍有無可取代的部分，只是要調整為更符合消費者需求的做法。

1-5

Amazon Go 無人商店 ╳ 不減服務人力，開發隔空結帳的密技

無人商店不足以形容它的特色，應該說更像是一個智慧AI商店！

打破想像，以食物為主的無人餐飲店

Amazon Go 無人商店開始推出的時候，大家都深感好奇，因為 Amazon 是網路書店起家，後來網站也兼賣其他東西。因此，當它要開無人商店的時候，消費者可能覺得：「要把網路上的東西拿到實體店面來賣，差別只在沒人來管理？」結果發現並非如此，它是一家以食物為主的餐飲店，不同於 Amazon 本身的市場定位。

西雅圖的 Amazon Go 都集中在辦公區域，我認為無人商店其實不足以形容它的特色，應該說更像是一個智慧 AI 商店！以往的無人商店就是自己拿商品、掃條碼，然後用手機結帳，中國大陸目前已有很多類似商店，甚至便利商店開始沒有店員服務，台灣的 7-11 也已經開始實驗，在這類便利商店，除了沒有需要現煮的食

物，例如關東煮和茶葉蛋之外，其他東西都可以進店選購，自行掃描結帳後，再把東西帶出來，這個就叫做無人商店。

然而，因為消費者不喜歡「沒人互動」，導致結果並不理想，雖然我們進便利商店，並不一定會跟店員聊天，但是消費者仍舊不喜歡自己結帳，再安靜走出店家的感受，這是一個非常值得探討的課題，零售業到底會不會被電子商務打敗？或是無人商店可不可以取代一般有店員的商店，根據目前實驗看起來，答案是否定的，因為太過冰冷，大家還是喜歡有人在店裡頭服務的感覺。

即買即扣，智慧雲端全記錄

於是，Amazon Go 有了不同做法，消費者採用手機進場，如果本身是 Amazon 網路會員，按下 QR-Code，就可以在門口掃描進場，進場以後，系統就會跟著你，一路走過每個停留的

貨架，清楚記下這裡拿了一盒沙拉，那個櫃檯買了一杯豆奶，再到隔壁帶走一包餅乾，然後自動扣款。

我觀察了滿久的時間，在整個消費過程當中，必須結合所有的軟硬體，除了掃描進場時就知道「你是誰」之外，同時啟動智慧結帳系統，當你站在貨架前面，到底是以監視器，還是什麼方式感知拿走這樣東西？

記得某些旅館設有 mini bar 小冰箱，採用感應晶片，當你把一罐飲料拿起來的時候，系統感應「空的」，就知道被拿走了。但是 Amazon Go 裡面似乎沒有看到類似的東西，令人相當好奇到底怎麼處理結帳的部分。

換言之，現在所謂的 QR-Code 掃條碼技術，已經到了不一定要直接對到掃描點，可能在隔空的狀況下，就可以知道消費者到底買了什麼東西，我拿了一個袋子或一個提籃，在貨架間來來去去，把商品放進購物籃裡面，系統直接在你的 Amazon 帳戶進行扣款，多麼神奇又便利的一件事。

人味不減，溫度不減

為什麼大家喜歡這種消費模式？因為店裡頭還是有很多服務人員，包括它的沙拉是現場補貨，飲料被拿走了，空了以後也有人在整理貨架，有什麼問題，現場也有人可以服務，甚至在入口處，當消費者找不到對的 QR-Code 可以進場，都有服務人員幫忙引導。換句話說，它所節省的是結帳人力，讓消費者能夠自由自在地購物，卻沒有省略服務人力，兩者完全是不一樣的概念，我們在 Amazon Go 看到一樣有服務人員，一樣有新鮮的食物，一樣有隨時補滿的貨架。

據說，現在 Amazon 還沒有辦法處理的問題，有時候 A 拿了商品，放到 B 的籃子，最後扣款的時候，可能在某些分類上扣到 A 的款項，因此必須自己拿自己的物品。當同事們一起購物的時候，難免出現這種誤差，但目前很少是拿了 5 樣東西，卻只結 4 樣。

就我的觀察看來，消費者接受並喜歡這種消費模式，附近上班族都會到這裡購買食物，特別的是出了結帳閘口後，外面設有座位、用餐區，貼心備有微波爐、熱水、餐具等，讓人可以順利解決一頓午餐，整體營運模式頗為成功。

1-6

Amazon Books 虛實整合書店 ╳ 實體店即將逆勢當道？

在這裡不用「望其書背」，
一本本書籍封面就正對著來客打照面！

逆向操作，開一家有意義的實體書店

Amazon 網路書城在全世界取得成功之後，如今跌破眾人眼鏡，居然要開起實體店！

當時很多人覺得，實體店已經式微，此時居然逆向操作，是否要走回頭路呢？因為不管開多大的實體書店，都不可能像網路可供大量陳列、販售，還要涵蓋那麼多不同類型的作品，所以要開一間什麼樣的實體書店，對我們才有意義呢？

Amazon 證明了實體書店可以有不同切入點，西雅圖華盛頓大學附近有間相當漂亮的購物中心，Amazon 第一家實體書店就開在一進門的左手邊，作為頭店。

走進 Amazon 實體書店，當場就讓人眼睛為之一亮？還是跌破眼鏡？一本本書

籍封面正對著來客打照面，陳列方式果然有別於傳統書店，一般擺放書籍，除非是放在平台才會看到封面，否則放在書架上只能「望其書背」，家裡的藏書櫃也是如此。這種把封面朝向消費者的擺設，接近於網路上所看到的全貌，也頗像某些圖書館陳列方式，當期雜誌的封面朝向讀者，假設要找過期雜誌，再把格子拉開即可。

書本的下方空間，同步呈現出星級和網路評價，但沒有標示價格，頗有圖書館的感覺，喜歡的話就把書帶走，不用結帳。

這裡觀察到兩個重點，首先，書本是一種奇特的商品，儘管網路書店有時候會打折，但定價不變，通常就標示在封底或書本最後一頁，無須到處問人。而且 Amazon 實體書店的售價和網路同步，因此消費者可以非常放心，不會有買貴的情形，透過掃描，可以直接結帳帶走，或是先下單，書籍就會直接寄到家裡，虛實整合，相當方便。

整體觀察下來，只有兒童區比較像是傳統書店，它的貨架比較矮，也有一些玩具擺設和小凳子，提供小朋友坐著閱讀。

網路學不到，書架陳列的店鋪管理

回到書籍平擺的陳列方式，第一本書的邊角往往容易捲起來，尤其是雜誌，比較勤勞的店員得隨時把後面的書挪到前面來，輪流做第一本，書本才不會折損或報廢，若少了這個動作，就會發現最外面的那本書，大概永遠都不可能被賣掉！

因為台灣的濕度極高，特別是一些小型書店，無法負擔 24 小時空調運轉的成本，不僅封面會捲起來，甚至本身的紙質都會受潮，我自己放在家裡的書也是如此，隨著日照的影響下，顏色多少會有所變化，書籍陳列的秀面可否維持每本都相同美觀，這是店鋪管理很重要的一點。原以為美國濕度沒有那麼高，但是當我在 Amazon 實體書店參觀，發現封面捲起來的書還不算少，針對這一點似乎還可以再加強。

當連鎖店開得越多，需要報廢的書可能就越多，對於出版業也是相當大的成本，若是提供 100 家連鎖店陳列，幾乎確定至少有 100 本報廢書，除非店員非常認真的稍作替換，才可能避免這種狀況。

樣書是另一個概念，我認為最好不要有樣書，因為一有樣書，就是一種浪費，大多高單價的書籍，會採用封膜方式陳列，只打開其中一本當作樣書，如果沒有封膜，每一本都會被翻閱，到最後可能通通賣不出去。尤其是雜誌更有這樣的問題，沒有人要買第一本，大家普遍都從後面抽取，越往上面的書，就越破舊。因此，就會需要非常勤勞的店鋪管理，這是網路商場學不到的事。

Amazon 居然在電子書城如此盛行的狀況下，回頭開設實體書店，那麼原來的傳統書店呢？反觀台灣，基本上已經越來越難找到傳統書店了，很多連鎖書店包括金石堂，甚至是誠品都在縮減門市，或是將空間另作展場規劃，陳列禮物、禮品等，傳統鄉鎮的小書店也逐漸被文具、雜物、小物、禮物所取代，最後就是走上關門一途，書店已經成為稀有物。

我們再來看看西雅圖第七街轉角，這裡肯定是黃金位置，Tiffany 珠寶店旁有間實體書店，但這家連鎖書店佔地很大，分為上下兩層樓，設計上相當典雅、穩重，令人感受到曾經的輝煌，營造出一股華美感，但也僅止於美，顧客實在太少了。

大概觀察了 2、3 天，發現一般時間裡兩層樓的客人可能不到 10 位，只剩下店內的星巴克幾位喝咖啡的客人，整體空間就和誠品書店一樣，許多地方已經作為其他展場規劃，我想現在傳統實體書店要吸引人群，果然有著非常巨大的挑戰，以上書店模式可以作為參考借鏡。

1-7

DAISO 大創 ╳ 便宜好物，美國也有 1 元店！

原來採用單一價策略，現在卻拉大兩個層級，已經有一點失焦，可以預期未來的挑戰。

定價策略重新調整，約一個 50 元銅板

美國大創佔地非常大，分布也很廣，當初我在購物中心遠遠地就看到一個熟悉的 Logo，走近一確認，果然是大創。

因為大創屬於單一價的商店，所謂單一價商店是以價格作為整體策略，上本書也有提到 1 歐元的歐洲單一價商店，其實美國也有 1 元店，當大創可以在這裡開一間這麼大的店，讓我相當好奇它的銷售策略。

最近大創有一些策略調整，台灣出現 39、49、59 的售價差異，已經把價格稍微拉開了一些，我反倒不認為這是一個好的方式，因為容易搞混消費者的認知，原來是用單一價做切入，現在卻拉大兩個層級，已經有一點失焦，可以預期未來的挑戰。那麼，美國大創到底賣多少錢呢？全

店並非都是同一種價錢，但大部分售價停留在 1 塊半，折合台幣大約是 45 塊。

日本風精緻小物，深受美國年輕人喜愛

美國大創的商品範圍，和日本、台灣差不多，進門可以看到一些節慶商品，美妝小物也放在明顯的地方，特別是小零食、小糖果，完全展現出日本特色。

根據瞭解，大創受到很多美國年輕人的喜愛，因為日本產品大多為小物，呈現出精緻感，尤其是美妝類產品，相當吸引年輕族群，例如高中、大學生，在這裡可以看到非常多當地的年輕朋友。

美國大創延續了日本、台灣的商品擺放方式，所謂的單一價商店就是走平價路線，擺放重點在於整齊，而非精緻，因此像大創這樣的店型，理貨就變得非常重要，因為可能會被消費者翻找，翻找了以後，還要維持得很整齊，引起消費者購買的慾望，不讓人感覺走到一個廉價的地方。此時，就需要較多的理貨人力，現場也可以看到，來來回回整理的服務人員，正是維持商品整潔美觀的關鍵。

1-8

VANNATTA WINE 酒莊 × 賣酒的地方風情好，比酒更醉人！

> 葡萄酒不僅是一種農產品，更發展成一項精品，酒莊也變成觀光旅遊的重點。

品酒會，酒莊成觀光重鎮

來到加州，免不了要介紹當地的葡萄酒。加州是舉世聞名的水果王國，屬於地中海型氣候，有綿延的海岸線，氣候溫和，我們常常聽到加州水蜜桃、葡萄、李子、櫻桃等等，都是大家相當熟悉的加州水果。

提到加州葡萄酒，就不能不說到納帕（Napa），這裡有很多酒莊可以參觀，有些台灣旅行社會安排酒莊之旅，一天的行程，帶著遊客前往好幾個酒莊，品酒兼觀光，還可以買回一些伴手禮。葡萄酒不僅是一種農產品，更發展成一項精品，酒莊也變成觀光旅遊的重點。

這裡介紹一個葡萄酒莊園，酒莊腹地雖不大，但對於當地人來講，這已是習以為常的一種週末休閒，換句話說，大小不是重點，重點在於享受這份微醺快意。酒莊利用週末舉行品酒會，一般需要事先報名，不會是你在路邊隨便看到，就可以進去參觀，通常酒莊都希望客人提前預約，不太接受路邊「突然亂入」，報名門檻其實並不高，可以先打個電話到酒莊，詢問有沒有類似的活動，或是被熟客領進門，都是入園之道。

音樂、美酒、小點心，享受微醺日常

酒莊慣有的行銷方式，大多在週末舉辦一場品酒會，同時邀請音樂家前來演奏，有音樂、美酒，營造出氣氛。

品酒會的入場費，一個人 5 塊美金，是大家都知道的行規，現場會提供今天的酒單，一共 6 種不同口味的葡萄酒，盛放在一個個酒杯中，從最淺的白葡萄酒，再到粉紅酒，最後才是紅

酒，紅酒也有口味濃淡的區別，最後喝的第 6 種就是比較重的口味，等於是從最淡一路品嘗到最濃的口感饗宴。當然也有人專程來喝某一種酒，因此可以直接點酒：「我要來喝這支酒。」一杯可能是 10 或 20 塊美金，此外，也有現場銷售。

大部分的酒莊都有會員制，例如今天花了 30 元，就可以加入會員，現場會有一些配酒的小食物，包括玉米餅、起司醬、爆米花等等，可以搭配酒一起品嘗，這是會員才有的專屬服務。同時，也有不少人在加入會員以後，就會收到邀請通知，歡迎兩個禮拜再參加其他活動。因為我只是偶爾路過此地，就純粹體驗 5 元的美酒。

最後，如果對於哪一種酒仍然意猶未盡，想要買回家的話，可以直接折價 5 元，頗為划算。所以大部分當地人在這邊享受一個悠閒的下午，喝了 6 種葡萄酒，沉浸在音樂當中，與酒莊老闆閒聊之後，買個 1 到 2 瓶回家，成為一種既定模式。

附帶一提，我相當好奇難道在地人不怕酒駕嗎？後來發現，他們可能認為一杯葡萄酒的量應該還好，加上在裡面待的時間比較久，淺嚐過後，到了上路時刻，也算酒醒了吧！

他們不是很快地把酒喝完，然後很快地離開，醉翁之意不在酒，在於享受那個微醺放鬆的氛圍。

在此補充一下，因為我在德國也走過所謂的葡萄酒大道，整條綿延 30、40 公里，全部都是栽種葡萄，我發現德國酒莊比較少有這種輕鬆愜意的活動，大部分的人都是直接去那裡買酒，買了就走；加州反而營造出整體的氛圍，有可能是陽光舒適了一些，使人更加輕鬆了吧！

1-9

Bulk foods 環保無包裝商店 × 簡單有理，裸包正夯！

美國零售業走得比較早，演變下來已經有「過度包裝」的問題，為此還衍生大量的垃圾……。

拒絕浪費，吃多少買多少

一路在西雅圖、舊金山和沙加緬度，都能看到環保無包裝的商店，特別是這幾年開始流行商品裸包的概念，看起來在美國的西部城市已經蔚為風潮。

然而，一開始引進環保無包裝的概念，對美國人而言卻感覺相當驚奇，反觀台灣，早期雜貨店就是這樣陳列，台北迪化街也有很多裸包，要買多少，就秤多少，走進傳統市場，紅豆、綠豆等五穀雜糧，不都是裸包，到底有什麼好特別的？

由於美國零售業走得比較早，演變下來已經有「過度包裝」的問題，為此還衍生大量的垃圾；另一方面，買回家的大包裝食物，往往吃不完，或是放到過期、受潮，最後只好丟掉，造成資源浪費。如今民眾意識到這點，開始推廣裸包的概念，倡導「吃多少買多少」，而不再是制式的

包裝，除了美國零售業有過度包裝的可能性，也可能是現代人多為單身獨居，或是小家庭為最大宗，一個人用餐下廚，有時候一整包的義大利麵，都得分多次煮才能吃得完，使用量大幅減少，然而為了因應這種類型，市場轉而推出更小的包裝，也就製造更多的包材，所以開始有人在推廣裸包概念。

消費心理學，裸包反而不新鮮？

推廣概念是一件事情，真正落實到店裡頭，就會發現必須備有一個個大桶子或大罐子，同時要確保消費者取用這些食材的時候，不會遭受污染，又要考量到裝在什麼樣的袋子裡頭，才能夠好好保存？是秤重，還是貼標？會不會因為不好拿取，導致物品灑落地上？就像我們到傳統市場買綠豆，拿起杓子舀進袋子裡，有一半掉到外面？也許因為不熟悉，就要等待老闆前來服務，變成得有人專門負責處理這件事。對於美國零售而言，造成很大的人事成本。

這次的行銷觀察中，為了建立並落實裸包的概念，我在各個地方看到不同的因應模式。換言之，減少包裝，讓消費者能夠彈性購買自己想要的量，已經蔚為風潮，只是在過程中，免不了還是會碰到一些問題，像是環境和人為的污染，或是進貨、上架、補充的方式，都有一定的限制和考量。

然而，當消費者從「食物櫃」或「食物桶」的底下裝取食品，卻會覺得好像放很久，都沒有什麼人購買的樣子，而對食物失去胃口，雖然明明在一般貨架上的東西可能放得更久，可是不知道為什麼，反而覺得「桶裝呈現」好像不太新鮮，比不上一個已經包裝完整的產品？這無疑是一種消費心理學，如何克服心態差異，正是零售業的巨大挑戰。

再者，不同的食物，需要不同的包材和包裝袋，舉例來說，花椒粉、辣椒粉就要用小袋子，如果是麥片，太小的袋子也不合適。裸包最大的困難，還是在於污染問題，包括消費者的取用動作、裝袋過程、物品的包裝和儲存方式，以及夜晚的店鋪會不會有蟑螂、老鼠跑進來偷吃食物，都是造成污染的原因。

維持貨架一致性，引發購買慾望

台灣以前有家連鎖品牌「小豆苗」，專門販賣裸包秤重的零食、蜜餞、餅乾，同樣會遇到食物受潮、勺子看起來黏黏糊糊的問題，反而原本就是一顆顆單獨包裝好的糖果，比較不會髒手或受到污染。因此，裸包到底要做到什麼程度，確實是一大挑戰。

目前台灣超市比較少見裸包，部分生鮮食品區會擺放一桶一桶的雜糧（米、麥、紅豆、綠豆等），取用後秤重，再結帳。然而每種食物的重量計價也不同，店員需要熟悉每種食物的價格。觀察美國超市比較少有輔助道具，因此如何從減少包裝做起，並能夠彈性取用，取得一個平衡點，得回到有效性的管理。

既然談到零售，能否引發消費者的興趣，是一件相當重要的事情。為了整齊方便，盛裝大宗食品的罐子，採用相同的材質和規格，才能維持一致性，而且還要夠耐用。同時，進一步思考到，如何在食物呈現上，引起購買慾望，而且買回家之後，也會覺得食物新鮮，落實這份簡單純粹的美味。

1-10

Menchie's Frozen Yogurt 冰淇淋連鎖店

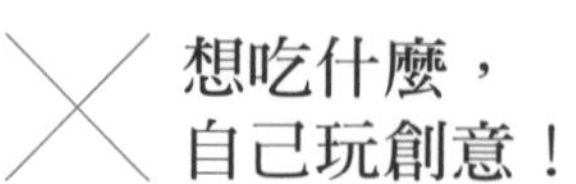

想吃什麼，自己玩創意！

這種「自己來」形式，關鍵還是在於管理，才能真正吸引到消費者。

冰淇淋口味 DIY，視覺繽紛樂

這家冰淇淋連鎖店有非常多種口味，採用 DIY 自助方式，先從霜淇淋製造機挑選喜愛的口味，搭配琳瑯滿目的配料，任君挑選，完成之後，採用秤重方式結帳，店裡也有一些小東西提供試吃，台灣部分商場也可以看到它的蹤跡。

這種「自己來」形式，關鍵還是在於管理，能否吸引消費者的因素，包括：霜淇淋機台是否乾淨？配料是否豐富？各種配料舀來舀去會不會顯得凌亂？針對一些引進中國或台灣的歐美品牌，往往不是人潮太多，不然就是沒有人，若是遇上滿滿排隊人龍與等待製作冰淇淋的消費者，根本就沒有時間試吃，過於擁擠的空間，整體感受就大不相同，這是跨國企業需要考量的面向。

掬一手甜，只溶你口？

延續上一篇的裸包概念，我看到有些百貨空間陳列一些「Candy」的盒子，標示糖果販售，售價在 0.5 到 2.5 美金之間，投幣以後，選了 M&M 巧克力，然後就像吃角子老虎機一樣，糖果就嘩啦啦掉在手上。

由於找不到小袋子，等於讓人用手捧接，此時問題就來了，這樣可能會有污染和衛生的疑慮，例如手部和填裝桶子的清潔，而且桶子上既然有個開口，不免會有小朋友無聊時用手挖取，試試看會不會有什麼東西掉下來，或是小昆蟲從洞口爬進去。不過，這些盒子附近都沒有螞蟻，倒是不免令人感到驚奇。

1-11

Farm-to-Fork Festival 農業博覽會 ╳ 農業行銷，原來可以這樣玩！

另一種非常特別的靜音舞蹈，
讓每個人戴上一副耳機，
聽著耳裡的音樂隨之起舞，既新鮮又有趣……。

展場規劃有序，封街銷售多元

加州是美國農業生產和出口的第一大州，此行來到首府沙加緬度，剛好遇上農業博覽會，就在州政府前面封街舉辦，長長的一條街，一群人大排長龍等著安檢進場，透過進出口的管制，整體規劃上相當有序。

農業博覽會分成很多區段和攤位，其中一區是專為兒童設計的小小動物園，農場主人將可愛動物帶到現場，有兔子、小羊等，也備有小車子或小旋轉木馬等遊戲設施，提供互動空間。

另外，最大宗的就屬食品區域，亦即農業相關的攤位，也有政府單位、醫院，大多採用有獎徵答的方式，拋出問題：「這是哪裡出產的？」或是：「可不可以告訴我們，吃什麼東西幫助更有能量？」小朋友就會回答：「菠菜！」或是醫院的營養

師詢問：「哪一種食物的維他命 C 最多？」答案也許是柑橘，藉由雙向互動進行健康衛教，同時推廣農產品。

花樣百出的銷售模式，搭配豐富的產品陳列，除了有獎徵答之外，也可以玩遊戲、直接拿取派樣，就拿試吃來說，推廣棗子的攤位，現場就備有一小袋、一小袋的棗子片，逢人就發，讓人品嘗之餘，更驚豔於加州美味的特產。

其中有一處演奏的棚區，供人停下腳步駐足聆聽，更發現另一種非常特別的靜音舞蹈，每個人戴上一副耳機，聽著自己耳裡的音樂隨之起舞，整個場合就是一群人自得其樂的手舞足蹈，既新鮮又有趣。若是東方人的話，在大庭廣眾下跳舞，或許會有些難為情吧！

乘興而來，盡興而歸

整個農業博覽會有相當多的活動與現場教學，包括如何分切一大塊豬肉、烹煮好吃的義大利麵、製作新鮮沙拉等。入口處附近，也有販售酒類暢飲券，屬於葡萄園酒莊的聯合促銷，消費者買了以後，就能憑券在場內試喝到多種酒類。

談到農業推廣的多樣化，有些東西還真是不容易，舉例來說，如果今天只種蘆筍，現場只是賣菜的話，很難引起消費者的興趣，但水果就比較容易，可以現場分切給大家吃，有助順利推廣。因此，可以觀察到農業博覽會的推廣重於銷售。

反觀台灣，若是要舉辦農業博覽會，可以藉此參考一些類似做法，但是要以「封街」規格來舉辦的話，則要考量到場地和相關配置，室內和室外就有所差異，除了攤位上的棚架，如何在豔陽下遊逛而不感到炎熱，才能讓遊客感受到嘉年華會一樣的氛圍，乘興而來，盡興而歸。

換言之，不管是博覽會或市集，要先把握重點在推廣，還是銷售？其中營造的氛圍截然不同，當重點擺在銷售的時候，會加大促銷力道，希望消費者試吃以後，能夠趕快購買。若是農業博覽會，消費者試吃後是不是會買，就不那麼在意。

觀察攤位上的物品陳列也是如此，例如蜂蜜，主要介紹自家農場有多種不同的蜂蜜，可能提供幾 10 種供遊客試吃，商品卻只有少少的幾樣和幾罐，其實只是要傳達——「我們有很多種蜂蜜，歡迎你到牧場來玩！」農業博覽會不收入場費用，也沒有「強迫推銷」的商業行為，讓大家在此進一步認識產品和品牌，加深在地人文氣息，整體逛起來十分輕鬆愜意。

以台灣而言，不管是食品展、旅展或美妝展，因為廠商花錢租了攤位，想賺回租金、布置和人力成本，同樣地，消費者前來也是為了吃美食、買戰利品，導致展覽失焦、主題變質，最後就像是逛夜市一樣。若是想要推展上述模式，整體還需要回歸到引導和教育。一方面，政府單位需要進行整合與教育，另一方面，廠商本身是否願意長期經營，透過推廣打造出品牌形象。農業行銷，其實可以如此不一樣！

1-12

Pier 39 漁人碼頭 × 不只熱鬧，到處都是特色店！

這樣一個得天獨厚的地理條件，既然可以吸引全世界的遊客慕名而來，必定有其獨特性……。

招牌吸睛，到處都是特色店

舊金山是一個海港，因此有非常多的碼頭，其中 Pier 39 讓碼頭不再僅僅是船隻停泊的港口，而成為知名的旅遊景點和購物中心，吸引了全世界的遊客。

39 漁人碼頭一共有兩層樓，有關它的介紹和圖片非常多，面對這樣一個得天獨厚的地理條件，我著重的「看點」在整個外觀和招牌設計。既然它可以吸引全世界的遊客慕名而來，必定有其獨特性，招

牌門面就是一種吸睛的方式，如同日本大阪頓崛上的醒目大螃蟹，誇張造型讓許多消費者爭相合影，有異曲同工之趣。

另外，就算沒有大型亮眼的碼頭，舊金山北邊有座通往天使島（ANGEL ISLAND）的小小碼頭，不像內陸受到氣候影響，相對比較暖和，夏天與冬天都屬旺季，儘管只有 10 來家店，依然吸引不少來客。

這裡的商店街「沒有重複性質」的店面，咖啡店、手工藝品店、自有服裝店、糖果店、腳踏車店和餐廳等應有盡有。

同步分享一則老故事，猶太人到某個地方開了一家加油站，第二名猶太人認為加油的人可能需要修車，於是在旁邊開了修車站，第三名猶太人想說：「既然開了修車站、加油站，肯定需要吃飯，我就開家餐館吧！」第四名猶太人說：「如果有餐廳、加油站和修車站，也許還需要一個住宿的地方。」所以就開了旅館。

中國人卻不是如此，我開了一家加油站，生意還不錯，第二個人也跟著開第二家加油站，第三個想說：「既然兩家加油站看起來生意都不錯，我一定比他們好！」於是，我們會發現只要生意好，就會有人跟你做一樣的事情，變成自己人打自己人，無法擴展整個資源，最後就是殺價競爭。

回來說 39 漁人碼頭，購物中心是一個大量體，容納許多的消費者競相前來，碼頭的商店街卻鮮少看到重複的東西，保有店家的特色。也許，手工藝品店可能沒有餐廳生意來得好，腳踏車店也許沒有糖果店那麼多遊客，卻能夠共生共榮，既不搶彼此的客人，又可以一起營造美好的氣氛，創造更大的消費空間。

走出獨特性，期待老街重現風華

反觀我們的碼頭或老街，似乎美不起來，原因就出在缺乏整體氣氛的營造。如果仔細觀察，通常只有一兩家店相當漂亮，可能是一家咖啡店，門口布置了一座花台，令人賞心悅目。

隔壁的腳踏車行卻覺得：「我不用裝飾任何東西，只要在門口放一台舊腳踏車，大家就知道是方圓百里的腳踏車店了！」並不因隔壁店家的漂亮，所以想要一起變美麗，把腳踏車變成特色店招，吸引更多來客。第三家糖果店應該要想說：「既然腳踏車店跟咖啡店都這麼漂亮，是不是也來用橡木桶裝糖果，改造成糖果屋呢？」結果卻不是如此，到處可見鐵皮屋和塑膠椅。

有人說：「這裡是台灣的鄉下，這樣才自然啊！」其實不然，日本鄉下雖樸素卻有獨特風格，正是一種美感的展現，並不是說今天一定要把檔次拉高，海鮮餐廳就不能使用塑膠椅，或許只要選用一致性的顏色，而非今天壞掉一把椅子，就隨意拿來湊合使用。

我常分享一個概念，不管是市集也好，或是農業博覽會，儘管只有一個檔期的時間，歐美零售市場或攤商都讓人覺得準備在此長治久安，看得出用心布置的誠意；再看台灣夜市，明明在當地營業近 30 年的老店，還是用幾根竿子撐起棚子，好像明天就準備逃難一般，已經破舊的塑膠桶，隔幾年再去還在那邊，可能認為「沒有關係，可以用就好」，因陋就簡，造就了美感的落差。這是走到漁人碼頭，有感而發的一點心得。

1-13

Ghirardelli Chocolate Company 吉拉德里巧克力工廠 × 作夢也要吃巧克力！

吉拉德里之所以成功，在於保留了生產工廠，同時突顯出專賣店的廣度和深度。

你想得到的巧克力，這裡通通有！

吉拉德里是舊金山著名的巧克力專賣店，位在吉拉德里廣場（Ghirardelli Square）的巧克力工廠改裝成購物中心，就成了巧克力主題店，在這裡可以看到當時工廠的雛形跟模樣，除了有銷售區域，也設有座位的餐飲區，只要走進店裡來，就能得到免費的巧克力。

巧克力專賣店當然就有各式各樣的巧克力，不管是冰淇淋、蛋糕或點心，所有看得到、吃得到的東西都有巧克力，包括喝的飲品，征服了大小朋友，成為造訪漁人碼頭必買的伴手禮。

吉拉德里之所以成功的原因，在於將巧克力工廠改裝成購物中心的過程中，同時保留最重要的 2 個特點——生產工廠，以及專賣店的廣度和深度，突顯出產品特色。

融入人文軌跡，激盪懷舊與創新的火花

這裡容我們思考一個問題，台北松山區的微風廣場原是黑松的台北舊工廠，當初還在公關公司洽談合作的時候，我們曾經建議應該保留一部分的場景，讓消費者可以體驗到汽水或沙士的製作過程，可惜此案限縮到最後，微風廣場裡頭只剩下一個小小的「黑松博物館」，僅限於靜態展示，還有一些擺放在 2 樓的道具，其他再多就沒有了，非常可惜。如果能夠像吉拉德里，把一部分的工廠保留下來並融入商場，讓大家記得原來這裡是黑松汽水的老廠，對於整個品牌而言，可能會有更好的助力，甚至吸引到更多的人潮。

吉拉德里巧克力工廠保留自己的生產工廠，甚至發展成可供參觀的景點，確實是一個值得借鏡的地方。當時拜訪的時間，剛好遇上秋天的萬聖節，搭配以前古老工廠的紅磚牆，深具秋詩篇篇的氛圍。

1-14

Boudin Bakery 麵包湯創始店 ╳ 喝湯也是種雙倍奢侈的滿足！

麵包湯碗，裝入滿滿的蛤蠣巧達濃湯，再將麵包蓋上，就是一碗香味撲鼻的麵包湯。

麵包湯，連碗都可以吃下去

舊金山漁人碼頭有大量的海鮮食物，通常會熬成一鍋海鮮湯，最簡單的吃法就是拿起麵包沾著吃，就是美味又豐盛的一餐。

這項在地性食物，後來因為大量觀光客的造訪，慢慢地把圓形的酸麵包挖出一個洞，製作成麵包湯碗，裝入滿滿的蛤蠣巧達濃湯，再將麵包蓋上，就是一碗香味撲鼻的麵包湯。挖出來的麵包，也可以沾

著吃，真的願意的話，確實連整個麵包碗都可以吃下去。在漁人碼頭附近，有段時間都有一些店家專賣這種麵包湯，除了簡單濃湯，也有華麗的海鮮，好不好吃就見仁見智了。這裡介紹的算是正宗創始店，特色為現做發酵的酸麵包。

這個超級大店當然有自己的麵包工廠，在外面可以看到師傅正在大量製作麵包，結合現做麵包、點餐、烘焙、用具、雜貨，生產線一應俱全，也可以單買麵包，不過大部分的人都是為了麵包湯而來。

特別的是，麵包依月份有各自的呈現，可以看到 1 月的麵包、2 月的麵包，以及海洋生物的外型，做成海星、海龜、蝦子、螃蟹等，確實相當吸睛。

1-15

Yosemite National Park 優勝美地國家公園 × 觀光景點的店不能只是賣風景？

一件簡單白T，上面印了某個字樣，當下因為一時衝動，買回家當作紀念，但之後還會再穿上它嗎？

小心爆雷！十大最廢的旅遊商品

說到名勝地區的專賣店，免不了要從台灣觀光業談起，很多人都說台灣的觀光景點，每一個地方賣的東西都很類似，淡水鐵蛋可以拿到新竹來，新竹貢丸在豐原也買得到，就連老街也都大同小異，A 老街有的東西，B 老街整個搬過來，其實並不是那麼好的做法。

我們看看美國著名國家公園優勝美地，橫跨了加州與內華達州，擁有壯麗的花崗岩峭壁、瀑布、溪流和冰河谷，可以說有山有水、有木有石，更具備生物多樣性。因為它是世界知名的景點，從衣服、帽子、圍巾到絲巾，是不是只要印上「優勝美地」幾個大字，就可以作為商品來販售呢？

這裡不妨思考一下，如果一件簡單白 T，上面印了一座城市、某個字樣，或是一張圖片，當下可能因為一時衝動，覺得到此一遊，於是把它買回家當作紀念，但之後還會再穿上它嗎？

網路上曾舉辦「十大最廢旅遊商品」的票選活動，T 恤、帽子、馬克杯、鑰匙圈、冰箱貼等都榜上有名。假使有機會開發旅遊商品，應該要把「十大最廢」好好拿出來檢討，看看如何變成「十大最夯」，這些物品最為人詬病的地方，就是送給別人，對方也不曉得可以擺到哪裡。

一個商品如何讓人們願意買回去，不只留作紀念，還能夠繼續使用，甚至於當成禮物送人，的確是一門很大的學問。重點在於，知名觀光景點所販售的物品，是否具有設計感、特殊性。同樣的一件 T 恤，先不說能否找名師設計，就可以進一步延伸討論——是否分成男版和女版？圓領或尖領？袖長或袖短？是否為今年流行色？

超夯紀念品，兼具美感、設計感和實用性

優勝美地的專賣店竟然可以開到這麼大一間，這些商品肯定是以「設計」為主要考量，消費者願意花錢購買具有自然風味的紀念品，一定有它的道理。

以帽子為例，除了一般常見的休閒帽、棒球帽，也有專業的登山帽，因應不同的功能；圍巾和絲巾也是同樣的概念，上頭印著什麼樣的圖騰，需要經過設計巧思，才能夠被凸顯出來。我常常發現一些印著城市風景的絲巾，當絲巾折疊起來的時候，完全看不出圖案或特色，不是把照片或 Logo 印在上面，就能當作紀念品，還必須兼具美感、設計感和實用性，以「能夠真正被使用」作為考量。

進一步談到藝術商品的銷售，一些知名的風景名勝，可能會把藝術品或名畫，製作成大量的明信片或是複製畫。優勝美地專賣店卻提升了這個層次，特別設立藝廊呈現與藝術相關的作品，販售具有收藏價值的精美攝影、畫作、雕刻和編織，或是聘請名師延伸演繹，展現出絕佳的獨特性，可以提供借鏡。

1-16

Whole Foods 超市的熟食區 ╳ 撲鼻而來的熟悉便當味

一般西式食物比較偏向單品，這裡卻像是打菜的自助餐，看起來就像一個便當區。

打菜自助餐，熟悉的好滋味

對於超市或量販店的熟食區，大家普遍都有一些印象。尤其在台灣，不管是家樂福或是大潤發，熟食區有各種中西夾雜的現成食物，舉凡便當、炸雞、披薩、滷味、便當等，提供選購後直接帶回家享用。

但是這家 Whole Foods 的熟食區，一般西式食物比較偏向於單品，所謂的單品就是披薩、漢堡、熱狗或是義大利麵，採用單獨包裝的方式，但是這裡卻像是打菜的自助餐，陳列一些葷菜、素菜、湯品和主食，提供消費者自行組合，看起來就像一個便當區，最後採用秤重計價。這家超市頗具獨特性，我認為值得繼續觀察。

附帶一說，Amazon 原是電子商務，如今不僅開設了實體書店和 Amazon Go，最近也開始整合零售，買下了 Whole Foods 連鎖店，我們期待這家連鎖店在形象或經營策略上，還有更進一步的升級。

1-17

Pike Place Market 派克市場 ╳ 驚喜有餘，提袋率卻使不上力！

派克市場生動有趣之處，在於漁販會上演和顧客互動的戲碼，把現場炒得熱鬧非凡。

魚市場賣熟食，創造高提袋率

西雅圖的派克市場，常常吸引很多觀光客到此一遊，前一本書也曾提到德國漢堡的漁市場。

我們先來思考一下，台灣四面環海，也有非常多的漁市場，可是我們的漁市場可以吸引觀光客嗎？好像不太行，原因在哪裡？不管是基隆碧砂，或者是桃園竹圍，我們覺得它就是一個市場罷了，濕濕的、臭臭的，動線也沒有很好，雖然魚蝦新鮮便宜，但主要客群是漁民或批發、餐飲的業者，頂多吸引逐鮮的遊客專程到此，買了漁獲回家料理，很難再進一步發展，正因為缺乏特別的做法。

以西雅圖派克市場為例，就呈現出豐富繽紛的視覺饗宴，只是換成提袋率來看的話，還是有些遜色。換句話說，它在擴大消費族群的市場上還差了一點，細究原

因在於很少熟食。舉凡日本大阪的黑門市場，或是東京的築地市場，雖然大阪跟東京不完全是在碼頭邊上，卻可以發展出一個漁獲海鮮的批發地，現場除了有新鮮的漁獲，還包括海鮮乾貨等等，而且都有非常多的熟食，大家可以在此一解嘴饞：「這裡吃 2 個生蠔，下一攤再嚐 1 個烤干貝，再來吃個簡單的烤魚或是蝦料理！」觀光客甚至可以邊走邊吃，高提袋率，也創造出許多商機。

回到西雅圖的派克市場，整體管理良善，沒有一般漁市場的潮溼或不好聞的氣息，可惜的是欠缺熟食品項，放眼望去只有一兩攤的炸物，也沒有一些小東西可以買，例如干貝醬、曬乾的海帶，都是相當好的延伸產品。

善與顧客互動，現場創造驚奇

不過，派克市場的生動有趣之處，在於漁販會上演和顧客互動的戲碼，舉凡把魚拋在空中，丟來甩去，令遊客大感驚奇，同時紛紛拿出手機搶拍，甚至爆出如雷笑聲，看得出來是為了吸引觀光客人潮而做的活動，把整個市場炒得熱鬧非凡。

不只是一個攤位如此，而是整個漁市場都宛如嘉年華，上演群起「喊拍」一樣，只是他們的表演性質比較高，一來可以讓消費者接觸到魚，二來更把魚直接給丟出來，如果可以接得到魚的話，甚至還會有一個小贈品，變成一個生猛行銷的特點。

最有趣的莫過於，星巴克其實是從派克市場入口起家，第一家就在這裡，不遠的港口處有一座摩天輪，提供遊客搭乘，附近也有花卉相關物品的銷售，整體視覺感還蠻豐富，只是可供消費的東西相對少一些。

歡樂有餘，提袋率卻遠遠不及的派克市場，最後人潮通通往星巴克創始店群聚，買起了專屬杯子和獨家紀念小物了。

1-18

Candy Baron 糖果店 × 吃甜甜，不必等到節日！

一間店若是能夠掌握「深度」跟「廣度」兩種不同向度，就會讓人感到十足的豐富感，也才稱得上琳琅滿目。

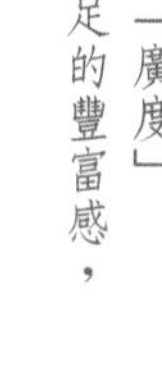

深度＋廣度，為求琳琅滿目

Candy Baron 是一間糖果專賣店，專賣店有所謂的深度與廣度，兩種不同的思考方式。

首先，什麼糖果都有，不管是口香糖、水果糖、巧克力、泡泡糖，或是硬糖、軟糖、QQ 糖，甚至於幫助口氣清香的薄荷

糖，專屬嬰幼兒食用的蜂蜜糖果、糖漿等，各式各樣都有，就是「廣度」。若以巧克力為例，包裝上有單顆、有組合式禮盒、有小包裝、大包裝，或依價位區分為低價、平價、中價位，也有高檔次，正如所謂的單一商品專賣店，就是「深度」。

因此，一間店若是能夠掌握「深度」跟「廣度」兩種不同向度，就會讓人感到十足的豐富感，也才稱得上琳琅滿目。

當糖果放入口中，才有「味覺」之分，購買時，著重點還是在於「視覺」，今天就算是巧克力，我們可能期待有玻璃罐、紙盒，或方便取用的材質，可以讓人隨時試吃，甚至有的包裝需要兼顧流行時尚，有些充滿童趣，有些走高貴精緻風，可能選用金色、銀色的包裝紙，最後再加上一條緞帶，甚至是與最新流行的卡通玩偶相結合，吸引孩子們的目光。

所以糖果其實以豐富度而言，必須從色彩、種類、包裝的大小，以及價位同時呈現，才能夠讓這間糖果專賣店達到吸睛的效果。

視覺大享受，陳列處處是巧心

糖果受限於嘴巴食用的關係，體積通常相對比較小，若是全部陳列出來，反而沒有視覺重點。因此，一間好的糖果店，店門口可能會設置吉祥物，從布置上發揮小創意，或是與一些玩偶結合，因此可以看到很多糖果店進行銷售時，會跟玩具熊、可愛布偶、知名卡通聯名並置，增加陳列的豐富度。

除了剛剛提到的深度、廣度、豐富性與色彩，如果糖果是用來送給女朋友或特定人物，還可以搭配小熊、鮮花或是花束，巧妙運用其他道具，為整體更為加分。

以舊金山漁人碼頭的這間糖果店來看，經營了 10 幾年依然人潮洶湧，整體空間與消費動線確實經過一番設計。舉例來講，所有盒裝糖果放在消費者的腰際位置，方便「伸手可取」，讓消費者覺得非常容易選購，特別的是採用木桶作為貨架，不僅給人質樸的感覺，也符合美國西部風味，當然不可能整個木桶內都是糖果，一定是中間透過分層，視覺上呈現出滿滿都是糖果的錯覺。

這裡不禁想到百貨公司或迪化街的年貨大街，裡面也有很多陳列糖果的攤位，卻都使用鐵桶作為貨架，讓消費者以為整桶都是糖果，其實也只有上面那一層而已。然而比較起來，鐵桶還是不如木桶來得精緻，這間糖果專賣店，為了打動消費者，確實展現出深厚的功力，兼具深度、廣度、豐富度，現場也看得到布偶的搭配陳列，類似吉祥物的概念。

滿足各別需要，提升遊逛樂趣

此外，對於適合小孩子食用的糖果，店家會把貨架放得稍微低一點點，雖然同是木桶，透過高低錯落的陳列，滿足不同年齡或族群的需求，都能夠方便拿取。一般商店常見的旋轉貨架，現場也看得到，因應不同的消費族群，貨架陳列方式多元，也增加遊逛的樂趣。

美國巧克力與糖果協會，曾是我在公關公司工作時的客戶之一，巧克力跟糖果最大的季節，對於美國人而言，就屬西洋

情人節，放到台灣來，還要加入傳統七夕，日本還有 3 月 14 日的白色情人節，假設把 3 個節日都納入做活動，每一年勢必都熱鬧紛呈。

另外，對美國人而言，還有幾個節日也是相形重要，每逢父親節、母親節這一天，同樣可以把糖果當作禮物，傳情達意，或者是開學日與暑假，都算是糖果送禮的旺季。進一步講，宗教的節日從 4 月復活節到 11 月的感恩節，再到 12 月 25 日耶誕節，還有最近在台灣被炒得很熱門的萬聖節，那一句熟悉的「不給糖，就搗蛋！」（Trick or treat）一年到頭都有值得慶祝的日子，可以發現即使是糖果專賣店，也會因應不同節令，在陳列或裝飾上做出一些變化，甚至調整主力商品。

這一次剛好碰上萬聖節，就看到一些布置情景，萬聖節的陳列不單單是節慶而已，也宣告著秋天的來臨，放眼望去，天空染成一片片橘紅、棕紅，果真是秋意濃啊。

1-19

ROSS 成衣連鎖店 × 可怕的人氣賣場！

大家在一堆商品中翻找尋物，翻找本身就是一種購物樂趣，類似「挖寶」的概念。

「挖寶」樂趣，不等於凌亂！

ROSS 在加州算是一家頗具知名度的連鎖店，很多親友都跟我說可以到那裡撿便宜，它的標語很像沃爾瑪（Walmart Inc），都是標榜低價路線，但是我觀察了好多間 ROSS，真正走進去以後，發現貨架非常凌亂，像是完全沒有經過整理，到處都是消費者搶購、翻找的痕跡，讓人完全沒有購買慾望，這裡不免要探討：「所謂的低價取向，給消費者的感受到底是什麼？」

假設今天商品擺放得太過整齊，消費者反而失去購物樂趣，當大家在一堆商品當中翻找尋物，翻找本身類似「挖寶」的概念，有人會不停地從底下把商品拉出來，看看尺寸對不對，然後塞回去，再換另外一件，再拉出來繼續找，這樣的畫面可能出現在百貨公司、量販店和傳統市場。

當老闆把一整個紙箱內的貨品，直接傾倒出來的時候，這個肢體動作與現場氛圍融合起來，就會讓人感受到只要在這裡找到商品，就真的是撿到寶了！「尋物」本來就是一種購物樂趣，曾經有人分享，屈臣氏的貨架如此擁擠，因此產生尋寶的樂趣，當然這兩種是不一樣的策略，但「尋寶」重點毋庸置疑。

回頭來看 ROSS，看到的卻是有需要「凌亂到這種程度」嗎？因為每一個貨架都很亂，在兒童玩具區，所有盒子都被打開、翻動過，相當懷疑到底可不可以找到完整零件？衣服區如同犯案現場，商品散落地面或堆放在衣架上的狀況非常多，過程中好像沒有看到所謂的理貨員，難道不用理貨嗎？還是故意把現場變成這個樣子？

經濟不景氣，低價連鎖店大行其道

一個平常日，其他商店沒什麼消費者的狀況之下，這裡的結帳排隊人潮卻相當洶湧，目測超過 15 到 20 個人，每個消費者手上都不只一項物品，表示它是一個受人歡迎的賣場。

不禁讓人思索，類似這種低價或平價商店，除了尋寶的樂趣之外，到底應該要怎麼管理，才能夠吸引更多的來者？確實是一個值得探討的課題。因為當你選擇這條路線，吸引了某些族群，也勢必會讓一些消費者敬而遠之。

我認為「商品本身會說話」是陳列時所要達到的效果，如果沒有陳列的部分，可能就僅限於商品本身的吸引力。然而，若是在網路上搜尋，是不是反而更乾淨整齊？更好比價嗎？不過消費者百百種，ROSS 仍是美國目前備受矚目的連鎖店。

從另一個角度來看，ROSS 這類低價連鎖店的盛行，代表著經濟大環境的不景氣，或是貧富差距的持續拉大，這樣的人氣賣場其實反映出一個社會現象，如同日本興起的百元店，正是在日本經濟開始停滯的時候，才造成單一價商店的蓬勃發展，都是值得深入探討的面向。

1-20

Solvang 索夫昂小鎮 ╳ 小鎮行銷熱，歐洲風情在美國

深具歐洲氛圍的房子、生活方式，讓人彷彿置身歐洲的錯覺，無疑形成強力號召。

複製小鎮，把其他地方搬過來？

當我們在一個地方看到另一個國家的風貌，確實是一件相當奇特的事情，首先想到的就是日本九州的豪斯登堡遊樂園，模仿荷蘭景觀及歐洲各地景色，一些遊日旅行團會將此排入景點。上海也有 2 個著名社區，一個是松江泰晤士鎮，一個是嘉定德國小鎮，2 個都是住宅區，很多新人會到那裡拍攝婚紗照，但也有人覺得根本就是山寨版（仿冒品）。

為什麼要介紹美國的丹麥小鎮？這個小鎮的出發點，跟上面幾個地方完全不同，在很多年以前，幾個丹麥青年遠離家園來到美國打拼，從美國的東部一路走到西部，最後在這裡安家落戶，他們買了一大片的土地開始耕耘，蓋了許多富有丹麥風的建築，還呼喚同鄉到此共同奮鬥，幾代下來就變成丹麥人的群居地。

這群人原以農業維生，在當地種植水果、小麥或釀酒，近幾年開始轉型成觀光產業，這些深具歐洲氛圍的房子、生活方式，讓人彷彿置身歐洲的錯覺，無疑形成強力號召，吸引觀光客前來朝聖。

索夫昂小鎮並沒有所謂的入口大門，也不收門票，只是從高速公路下來以後，逐漸看到好多歐洲風味的房子，就會發現丹麥小鎮已經到了，當中也有本來的美國風格房子，兩者自然地融合在一起。

迷人自醉，來杯歐洲風味葡萄酒

一位嫁給丹麥人的朋友對我說，她先生去過索夫昂小鎮，卻覺得：「這一點都不像丹麥！」對每個人而言，所謂的歐洲風格都不太一樣，儘管不是丹麥，但是營造出整個歐洲氛圍，令人不覺得突兀，若是有機會一遊的話，仍是可以造訪，感受一下歐洲風味。

目前索夫昂的觀光以葡萄酒、酒莊和園藝花卉為主，並沒有脫離原來的農業色彩，只是加入了一些餐廳、咖啡店，或者是販賣歐洲紀念品的小店，跟加州其他地區的酒莊相比，因為別具的丹麥色彩，啜飲起葡萄酒竟然也有更獨特的風味。

換句話說，為什麼丹麥人覺得這裡不像丹麥呢？我猜，因為丹麥比起加州要冷多了，根本不出產葡萄酒，可能也是原因之一吧！索夫昂是不同國家與氣候的融合，在這裡可以喝到葡萄酒，又能置身歐洲風情畫之中，不免讓人沉醉。

1-21

Empty retail space 空店家 × 零售業的明日之星在哪？

生意好的購物中心，本身就會帶來人流量，作為主力店也不是只有大而已，還必須自帶人。

購物中心的物業管理

購物中心是一種物業管理業，本身有一個量體，透過規劃和考量，挑選品牌後，出租給店家自行經營，並且定期考量店家是不是能夠穩定經營下去；如果純粹只是一棟商業建築物，只要你來租，我就租給你，那個叫「商鋪」，則是另外一種方式。

美國是購物中心的大本營，具備多種類型，採用物業管理的經營模式，先找到主力商店（anchor），通常就是百貨公司，再搭配一到兩家的量販店，以及其他商鋪，就可以組成一個購物中心。在台灣，比較少看到這樣子的結合。

其中的商鋪就需要透過招商，當零售業蓬勃發展的時候，商鋪自然就會滿租。生意好的購物中心，本身就會帶來人流量，作為主力店也不是只有大而已，還必須自帶客人。譬如說，量販店或是百貨公司已有固定客源，不需要依靠遊逛的人潮，台灣現在有一些購物中心，以電影院當作主力店，也是相同的作法，專門提供看電影的消費者，其他則是附帶的遊逛。

但以台灣的招商方式，很少看到空了許久的櫃位，會透過花車、特賣等，把空位填補起來。

購物中心大本營，榮景不再？

這次觀察到美國零售業，竟然發現已經是生死存亡的關頭了。

假使一家購物中心有 100 間商鋪，其中容許 5% 到 10% 的替換率，裡面可能有 5 到 10 間店面在整修、出租，但是現在卻有 30 間在待租，整個氛圍就黯淡許多，而且對於美國的購物中心來說，因為本身是物業公司，並沒有能力創造一些花車特賣來填補，不同於台灣以百貨公司為主的型態。

於是，空的店鋪就只能空在那裡，必須招到下一個能夠承租的店家，而且不只是要付得起租金，還要通過整體的評估考量。因此，就會發現美國不僅是百貨公司開始關門，購物中心的店鋪也開始空置。

我並不知道這一間店鋪到底空了多久？或者某一家商鋪還要招租多久？當女裝開始式微的時候，快時尚就會冒出頭，或是書店開始被淘汰的時候，賣手機的店家開始取而代之……，零售業本來就有一波波的汰換潮，我們並不需要擔心商鋪的自然調整，淘汰掉體質不佳的商鋪，可以加入更好的品牌進來。

未來新零售，從量體與時俱進

但是就整個零售業而言，現在需要擔心的是，下一個明日之星在哪裡？目前為止還看不到，因為受到電子商務和疫情衝擊的影響，整體經濟並不景氣，這種空店模式可能還會持續下去。因為建築物空間是固定狀態，原本需求 100 家商鋪，無法彈性縮減為 60 家，於是就會有一區沒有燈光，如同破窗理論一樣，長期下來，只會造成惡性循環，消費者覺得購物中心沒有人氣，也就越不想來了。

有些飲食類的商鋪，不管零售業的景氣如何，都還能夠存活下去，這裡就有一個問題，建築物的量體並不容易進行調整，以台灣為例，不是每樓層都可以增設餐飲、美食區，其中牽扯到消防法規、衛生管理、進出水的動線，甚至還包括用電管理。

其次，一旦大家發現到餐飲好像是一塊待開發的金雞母，所有人都擠進來時，就會發現連餐飲的競爭都開始劇烈起來，然而也不是每一家店都可以人氣爆棚，並不代表今天女裝店收了之後，就可以突然改賣速食，或是今天書店停業以後，就直接改成咖啡店，整個過程都需要進行審慎地評估規劃。

我想，最可能的根本解決之道，便是從更動建築物的量體下手，但一個建築本身很難快速地與時俱進，這是未來新零售值得思考的課題。

1-22

Souplantation 連鎖餐廳 × 無法回頭的沙拉吧限定餐

當客人從大門口一進來，先看到整條的沙拉吧，多樣化的選擇，使人食慾大開。

自助沙拉開道，健康又豐盛

Souplantation 是以沙拉吧為主的連鎖餐廳，招牌上面標榜新鮮在地，希望消費者吃「real food」，不要吃太多人工食品。

當客人從大門口一進來，先看到整條的沙拉吧，多樣化的選擇，使人食慾大開，而且通通標示了卡路里，讓人知道不同食材和料理方式，卡路里就有天壤之別，例如筍子、花椰菜的卡路里非常低，可是一旦加了醬料和濃湯，整個就會翻倍升高。

此外，還有很多的堅果供選擇，通過沙拉吧之後，結帳的地方還有各式各樣的飲料，包括罐裝啤酒。如果你想要喝汽水，這裡提供一個杯子，可以無限自取。結帳方式按照人頭計算，沙拉吧可以任意取用，但只能限拿一次，飲料則是另外付費，拿完了以後就能入場了。入場之後的披薩、義大利麵、冰淇淋都可以任意取用，只有沙拉吧在入場前走過一次，就不能再回頭了。

依據觀察，這樣的取餐方式是為了管理沙拉吧的清潔及衛生，加上限走一次，讓人不自覺地控制取用量，加上入場後還有許多免費食物，平日中午仍是滿座，可見頗受歡迎，個人一餐費用大概是 15 塊美金左右。

1-23

RITE AID 來愛德連鎖藥局 × 沐浴乳也要上鎖？

走遍世界各地，從沒見過這樣的道具，倒是十分新奇，因應防盜機制，設計了貨架卡榫。

無家可歸的人，呈現出貧富差距

來愛德（RITE AID）是一家美國最大的連鎖藥局之一，它的陳列貨架竟特別設置了一個卡榫，用來卡住產品，還可以上鎖。

當我發現之後，服務人員一直告訴我：「如果妳需要購買的話，可以幫忙開鎖！」走遍世界各地，從沒見過這樣的道具，倒是十分新奇。我就先問保安，保安說有人會拿，仍不是很明白。

到了結帳櫃台，我就問了櫃檯人員，他說：「那會被偷！」這裡不是精品店，主要產品只有洗髮精和沐浴類，旁邊有單價更高的眼影和口紅都沒有上鎖，只有鎖住平價的沐浴乳和洗髮精。營業人員說：「他們只偷這種必需品。」

後來我特地研究，才知道這裡指的「他們」是那一區無家可歸的人，這些東

西是生活必需品，街上的遊民只需要沐浴乳，不會去偷眼影。

　　可是這裡是洛杉磯的金融區，表示這區的貧富差距過大，除了物業蕭條之外，經濟的崩壞也讓一個城市發生這樣的問題。就某方面而言，看到這種情形會覺得難過，也感到可怕，竟然連洗髮精和沐浴乳都要鎖起來，卻也莫可奈何。

1-24

Fisherman's Wharf 漁人碼頭 × 異國風情，浪漫海味

海鮮餐廳為什麼會有紅酒？在於店家的定位，以及因應消費市場的分眾需求。

正宗海產店，現點現撈

台灣四周環海，周邊有非常多的海鮮餐廳，我們假使從基隆開始，一路往東邊走，可以品嘗宜蘭、深澳到台東的現撈海味，甚至到了屏東，有東港、小琉球，再到高雄、台南，沿路都有新鮮生猛的海產，再往北走到了台中梧棲、沙鹿、新竹南寮，以及桃園的永安、竹圍，回到台北淡水，繞了一圈，到處都有海鮮料理，當然還包括外島的澎湖灣。

那麼，你心目中想像的海鮮餐廳長什麼樣子？台灣海鮮餐廳大都設有很多魚缸，濕滑的地板，好像新鮮漁獲才剛進貨，老闆或老闆娘通常穿著雨鞋在門口大聲吆喝，放眼望去，都是類似的招牌——「○○海產店」、「○○現撈餐廳」，上面可能還印了一條魚。

因此，每到一處靠海景點，這些畫面

就會浮現腦海，而且這些餐廳幾乎都長得一模一樣，於是常常透過網路查找資料：「這一家是老店！」造訪以後，才發現其實隔壁家才是「正宗」。

但是奇怪了，為什麼在歐美或日本，海鮮餐廳卻可以有很多不同類型，同樣有平價、熱鬧的夜市風格，也可以具備浪漫元素、異國風味，找得到一家高檔的海鮮餐廳，配上一瓶絕頂的紅酒。海鮮餐廳為什麼會有紅酒？冒著粉紅泡泡的浪漫情懷？在於店家的定位，以及因應消費市場的分眾需求。

結合在地文化，加強美感和形象

Monterey 加州蒙特雷漁人碼頭，一直有小舊金山之稱，是以海鮮餐廳為主的聚落，這裡有非常多種類型不同的海鮮餐廳，雖然不可能把每家都吃過一輪，可是透過觀察整個零售餐飲，除了發現到價位的分層，而且每一家店面、每一個招牌都緊扣海鮮元素，同時兼顧美感，提供消費者自由選擇想要的海鮮模式。

同樣地，我很期待台灣的港口、海鮮餐廳的聚落，哪一天也能發展出不同的風貌，而不是只有熱炒 100、150 的單一元素。我不是說這種模式不好，而是並非唯有如此，才能夠突顯出在地「台灣味」。

進一步來說，這裡所要表達的重點，不是好或不好，而是有沒有兼顧多元，提供另外一種消費選擇？唯有多樣化的風貌，加強美感和形象，才能夠把海鮮餐廳與文化相互結合起來。

1-25

Bath & Body Works 香氛店 ╳ 氣味大師，香氛管理研究室

單單沐浴洗劑就有20多種味道，從薰衣草、小蒼蘭、茉莉到鼠尾草，光是香味就讓人超乎想像。

種類繁多，超乎想像的香味

Bath & Body Works是美國現在非常夯的一家連鎖香氛店，目標客群是女性，雖然產品都是沐浴洗劑，居然還能開成這麼大的店面，身為女性的我都會不自覺地被吸引進去。

我特別注意產品線的規劃，單單沐浴洗劑就有 20 多種味道，從薰衣草、小蒼蘭、茉莉到鼠尾草，光是香味就讓人超乎想像。沐浴洗劑採用單瓶的包裝方式，不像英國的 Lush 給人氣味雜陳的印象，由於幾乎沒有裸包的東西，所以氣味並不複雜。

除了香味本身的區隔，在同樣的沐浴洗劑底下，還規劃出自然風味區，選用白色貨架作為陳列，另外一邊則是華麗濃郁區，選用深色的木架還鑲上金邊，供消費者自行挑選。

Bath & Body Works 如同一間沐浴研究室，把產品氛圍做了一些區隔，營業員（sales girl）也會站在門口，遞送一些香氛卡，告訴你現在的季節適合什麼香氣，如果有需要的話，她可以提供協助，一進店就會有人招呼。我來的時節剛好是秋季，就有主推的南瓜護手霜，因應時節開發不同商品。

香氛研究室，提供大師級的高享受

既然是沐浴洗劑，到底還包括什麼？除了沐浴乳之外，還有空氣芳香噴霧、沐浴油、身體乳液、護手霜和浴球，同樣一個系列裡頭就有這麼多東西。

另外比較特別的小東西，做成像個小夜燈一樣，插電後，微微散發出香氣，還有適合擺放在車上的物品。Bath & Body Works 看起來是間沐浴洗劑的專賣店，其實更像是一間香氛管理的研究室，讓人們的生活空間，充滿自己所喜歡的氣息與氛圍，帶來高品質的享受。

整個店鋪空間滿大，結帳櫃檯就設在最末段，透過包裝、陳列和香味，讓人覺得非常的豐富，忍不住就會多買一些，加上沐浴用品都是消耗品，就有固定採買時間，這次買這個，下次就試試另外一種，還可以隨心情更換。

當然深究起來，還可以再提升商品的細緻度，像是一罐沐浴乳可能就有 20 種不同的風味，但是只有香味的不同，可以再繼續往下深化，比如說有些是乳狀，有些可以是水狀，或者包裝可以區分大小，是我對這個品牌的期望。

1-26

Monterey Bay Aquarium 蒙特雷灣水族館 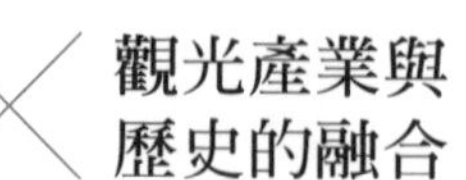 觀光產業與歷史的融合

透過潛水區的透明隔板，可以看到水鳥與地下魚類的生態，同時處在一個空間裡面……。

水鳥跟魚類共生，開創生態保育基地

一說到水族館，很多人會與動物園相提並論，對於某些動物保育團體來講，他們覺得這兩類規劃都是有違自然，不應該把這些動物圈養在現場，但是這並非此篇探討的重點。

蒙特雷灣水族館的每個人入場票價 50 元，也有販售年票，終年人潮不斷，世界各地的觀光客絡繹不絕，這裡原來是生產魚罐頭的基地，所以現場也保留了一些魚罐頭工廠的痕跡，代表歷史的沿革，同時透過一些企業捐贈（如 HP），變成是生態保育的基地，於是蒙特雷這個海港創造出一家舉世知名的水族館。

這裡面有幾個值得進一步探討的概念，首先蒙特雷灣是水鳥跟魚類的共生，一般提到水族館就是把魚放在水族箱裡

面，頂多是與戶外大海的連結，讓大家看到不同的深度有不同的魚類。蒙特雷灣卻直接把水鳥放進來，透過潛水區的透明隔板，可以看到水鳥與地下魚類的生態，同時處在一個空間裡面，旁邊還有附帶說明，這些鳥類是從野外救援而來，透過水鳥保護協會進行合作，到最後有些會進行野放，重新回到天空。

因此，整體的設計和立意讓人覺得自然又新奇，這些水鳥不太會去吃那些魚，採取人工餵食，讓遊客看到生態，卻不會變成另外一個生態鏈。

傳達友善捕魚，永續生態理念

其次，蒙特雷灣水族館設置一個戶外露台，遠遠地可以看到海上的海豚和海鳥，還有定時解說。換句話說，這裡並沒有把海豚關進來，而是叫你走到戶外看看遠方的海豚。海豚距離看臺，仍是非常遙遠，不一定什麼時候會出現，出現的隻數也不知道有多少。

參觀的那一天，解說員說非常幸運地看到了一大群海豚，大概有 30 隻，可是依然非常遠，我透過望遠鏡只有看到 3 隻，牠們隔著海面跳躍起來，驚鴻一瞥，但是透過解說員的解說，讓你可以瞭解牠們的生態。因為無法預期，所以讓遊客懷抱著一種期待的心情。

此外，蒙特雷灣的餐廳也傳達出友善捕魚，以及永續生態的理念，捕魚不可以用拖網把所有大大小小的魚一次打撈，希

望消費者從參觀完水族館之後，開始不吃野生的魚，只吃養殖的魚。假使要吃野生的魚，也不可以使用一網打盡的魚網，而選擇吃海釣的魚。透過餐廳的布置掛上宣傳語，提倡「不過度捕撈」、「維護海洋生態環境」、「重視海洋污染」等環境保育議題，期許參觀者把這些觀念落實在生活，以上幾點觀察，就是這座水族館做得很好的地方。

桃園青埔已將在 7 月中，迎來日本的八景島水族館 Xpark，規模和設計雖比不上沿海港而建的這個水族館，但還是很令人期待。

1-27

Shopping Centers 購物中心 ╳ 生於美國、長於美國的零售奇蹟

華盛頓大學旁邊的購物中心，街道兩邊花木扶疏，營造出自然美感，相應著四周自行建造外型的商店，都別具特色。

美國購物中心，值得朝聖之地

我曾經介紹過的購物中心，當然是不勝枚舉，特別是到了美國，可以說是購物中心的大本營或是發源地。

根據網路上面搜尋到的資訊：購物中心（Shopping Centers）生於美國，長於美國；今日美國購物中心的營業額約佔全美零售業總營業額的一半以上。因此，購物中心可說是美國人日常生活不可欠缺的消費場所。

二戰時期，許多軍火相關產業分散於郊區，帶動了大量就業人口移往郊區；因應這些郊區新消費者的需求，第一家購物中心 Town and Country，於 1948 年誕生於俄亥俄州哥倫布（Columbus）市郊的住宅區。

次年，全美相繼開設了 75 家，其後購物中心如雨後春筍，迅速地蔓延開來。

時至今日，全美已有將近 4 萬家的各型購物中心。

依據美國購物中心協會的定義而言：購物中心是由開發商規劃、建設、統一管理的商業設施；擁有廣大的停車場與大型的核心店，能滿足消費者的比較購買行為。

記得 20 年前，我在台灣第一家購物中心任職時，不僅跟來自新加坡的購物中心管理團隊一起工作，也在美國購物中心協會的亞洲區刊物當中，接受過專訪。換言之，美國購物中心自然是值得朝聖之地。

可是在美國購物中心協會，所分類的各種購物中心型態，例如：都會型、社區型、郊區型，或是綜合型當中，我最喜歡哪一種呢？答案當然是造鎮造街型囉！也就是說，整個區域都是購物中心，當中設有行人徒步穿梭的動線，兩邊商店林立，再輔以餐廳或是美食街。簡單形容一下，就像個不用買門票的主題樂園。現今很多 Outlet，包括台灣桃園青埔的華泰名品城和台中的三井購物中心，都是這樣的模式。

東邊打傘，西邊走

這樣的型態其實還有更棒、更有趣的做法，姑且稱為造鎮鄰街型吧！

意思是指，雖然有一整個街廓，可是當中還穿插車道，使得很多商店門口也有一部分的停車區域，不僅讓所謂的主力店可以服務主顧客，也使得整個變化更多更廣，也就更加自然。如同自家附近的巷道一樣，不必把車子都停在偌大的停車場裡面。

這樣的做法，儘管豐富了動線，卻更難於管理和營造氣氛，畢竟如果有車輛在其中，還要維持優雅不吵雜，肯定困難許多。因此，這時的對線和造景，甚至顧客及商家素質搭配，就更重要了。

這篇就來介紹位在西雅圖華盛頓大學旁邊的購物中心，街道兩邊花木扶疏，營造出自然美感，相應著四周自行建造外型的商店，不管是內衣店、居家用品店、體育專賣店，還是快時尚流行服飾店，都別具特色。遠遠地，就可以看到企業形象的識別 Logo，提升了整體質感，也相較於把道路封閉起來的設計更有看頭。

雖然下雨（時常下雨是西雅圖的特色），但是消費者自然地使用放在每個商店門口的共用傘，可以從東家打傘走到西家。連過個馬路，都有這樣的傘來給予支援。這並非所謂愛心傘，而是購物中心管理的一部分，不需要隨時注意自己借的傘跑去哪兒了，只要隨手就有傘可用。露天街廓的遊逛限制，馬上消弭了大半。

這個購物中心裡面，有第一家聞名遐邇的亞馬遜實體書店，也有蘋果電腦旗艦店，更有台灣消費者熟悉的鼎泰豐小籠包。整體經營得有聲有色，可說完全不受大環境實體零售業蕭條的影響。

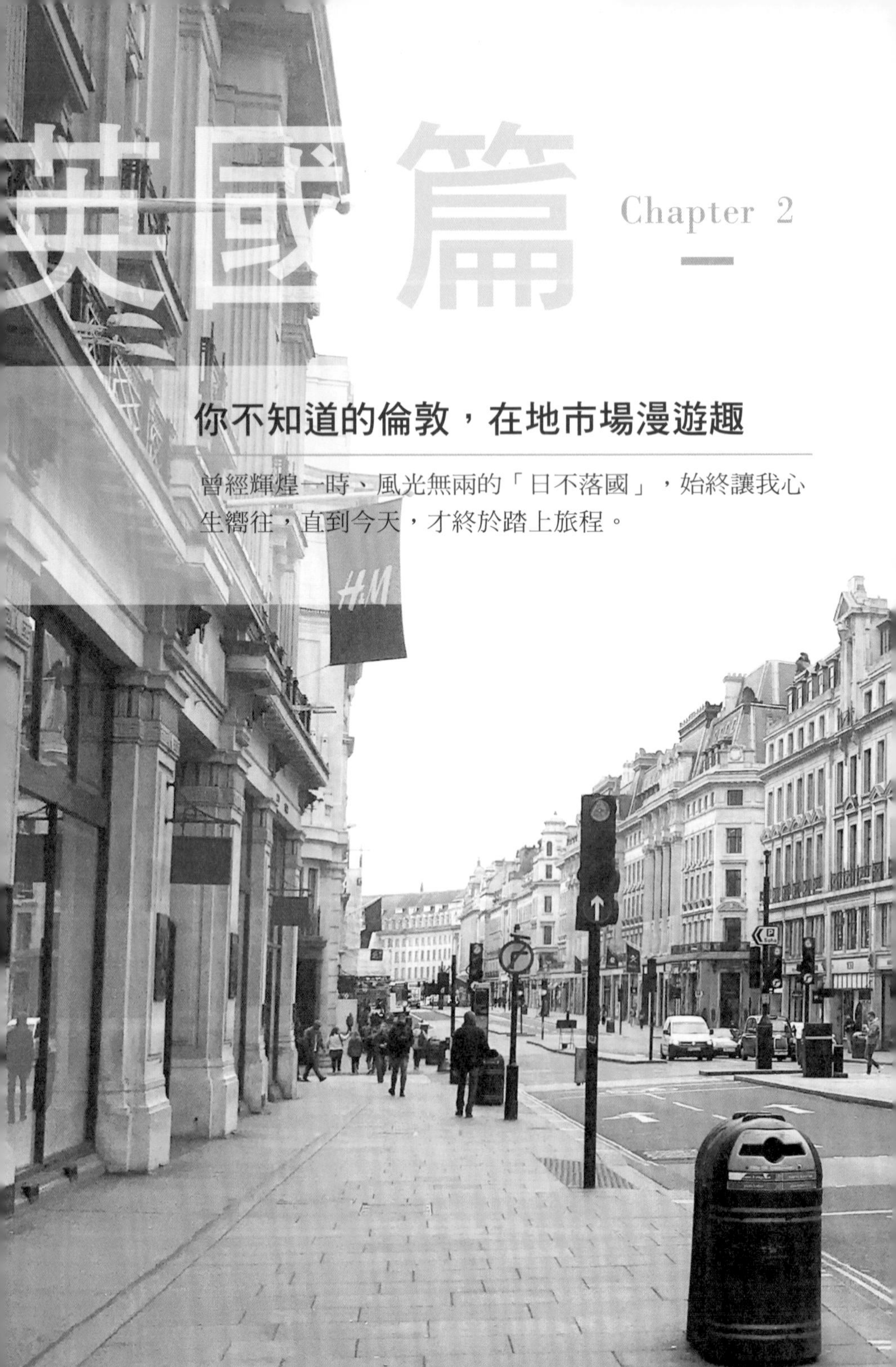

英國篇

Chapter 2

你不知道的倫敦，在地市場漫遊趣

曾經輝煌一時、風光無兩的「日不落國」，始終讓我心生嚮往，直到今天，才終於踏上旅程。

FURLA
HANOVER STREET W.1
MOLTON BROWN
HANOVER STREET W1
MOLTON BROWN
MOLTON BROWN

2-1

Eurostar 歐洲之星 ╳ 列車進站，小心搭錯車！

當我跨過管制區以後，竟然別有洞天，讓人覺得：「怎麼好像來到機場的感覺？」火車站竟然有許多免稅店，就好像機場一樣！

一條連接歐陸與英國的海底隧道

連接英國和歐陸之間，最方便的交通工具，自然就是「歐洲之星」，它是一座跨越海底的隧道火車。這裡有則關於此的笑話，法國人比較隨興浪漫，可能不夠嚴謹，而英國人比較古板認真，當他們準備合作開通海底隧道的時候，法國人一知道就開挖了，英國人馬上緊張起來：「我們還沒有確認所有的圖面，怎麼就開挖了呢？」法國人說：「沒關係啊，反正你從

那邊挖過來，我從這邊挖過去，最後就會相接起來了！」英國人嚇了一跳：「這樣子挖下去，真的接得起來嗎？」法國人說：「有什麼關係呢？接得起來，就有一條海底隧道，萬一接不起來的話，我們就有兩條海底隧道了！」以上絕對是有趣的玩笑話。

普遍以為英國和歐陸之間，距離最近的是法國，所以路線應該是從法國到英國，但事實並非如此。歐洲之星的起始點，落在比利時布魯塞爾，於是當我身處法國，查詢如何搭火車前往英國，大致上會建議先到比利時搭乘歐洲之星。如此一來，更可以充分證明，剛剛提到的故事，的確是個笑話。

回頭來講，布魯塞爾是比利時的首都，想從比利時搭乘歐洲之星前往英國，進入火車站之後有專屬月台，也就是說，歐洲之星跟其他火車站位於同一地點，只是一個區隔告訴你：「這列車要穿海底隧道，其他火車則是通往歐陸！」

從布魯塞爾出發後，並不是立刻就到海底，途中會經過 2、3 個小站，主要提供當地人搭乘，外地遊客主要從布魯塞爾抵達英國倫敦，中間也會經過英國市區幾個小站，整趟旅程大約 2 個多鐘頭。

跨過通關閘道，竟別有洞天

另外，從倫敦想要搭回比利時的時候，神奇的事情發生了，當我跨過管制區以後，竟然別有洞天，讓人覺得：「怎麼好像來到機場的感覺？」這裡有許多免稅店，好像機場一樣，讓人以為就要過海關了，其中特別標榜倫敦品牌，原意是希望遊客過了通關閘道之後，並不是直接就到月台，中間還有一段非常大的遊逛空間。但從布魯塞爾出發時，反而沒有那麼明顯。

為什麼說長得像機場免稅店呢？因為這裡有品牌專櫃，除了一些跨國性的國際大品牌，例如 Channel，也有比較小一點的英國品牌，目的是希望遊客可以再多消費，把英鎊留下來。因為當時英國正處於脫歐的過程（如今已正式脫歐），在英國使用英鎊，並不是使用歐元，所以當消費者從英國回到歐陸，必須進行錢幣兌換，等於這裡是使用英鎊的最後一站，上了車回到歐陸以後，就得回到歐元區。我想這就是為什麼它是個車站，卻有一種偏向免稅店商場的感覺。

根據拍攝的照片裡面，所謂的英國品牌，除了有時尚優雅的服裝，還有從不同切入點的商店。我看到一家白色主題商店，換句話說，它販售的商品都是白色，舉凡白杯子、白毛衣等，整個店面呈現非常潔淨、乾爽的感覺。

這時候，不免想到日本有家點點主題商店，所有商品都有點狀物，大的點、小的點、紅的點、黃的點，從杯子到毛巾、衣服、鞋子、帽子。兩者有異曲同工之妙，這種商品的切入角度看起來非常狹窄，卻會打中某一些特定族群。

以前，從事零售業的時候，通常有幾個關鍵思考點：一、定價策略，例如價格單一化的大創；二、所謂的專賣店，全部只賣鞋子；三、採用年齡族群區別，專賣嬰幼兒用品等。由此可知，除了這些類型之外，還可以採用特殊原因分類，如同剛剛提到的顏色、點狀設計，或是卡通人物的主題專賣店。觀察到這一站，以顏色作為區隔的零售類型，反倒是一種比較特別的方式，因此特別記錄下來。

2-2

Borough Market 波羅市場 × 最接地氣的好所在

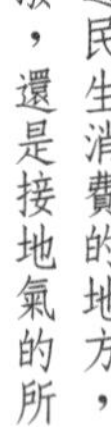

市場是最貼近民生消費的地方，不只生動活潑，還是接地氣的所在。

傳統市場．也可以接待國際觀光客

波羅市場是倫敦行的必遊景點，經常出現在各種旅遊網站上面。

我一直認為市場是最貼近民生消費的地方，不只生動活潑，還是接地氣的所在，因此不管到任何城市，我都喜歡找當地的傳統市場，如果這個傳統市場已經到了「可以接待觀光客」的旅遊等級，當然肯定會更加精彩！

通常所謂旅遊景點等級的市場，多少還會保留一點點在地特色，換言之，當地人也會前往消費，只是比例多寡而已。我個人則偏好一半一半的比例，不要純粹都是觀光客，反而少了在地氣息。

市場生鮮區最能看到在地性，因為觀光客屬於短暫造訪，加上不便料理，通常

不會購買生鮮食物，假使一個市場具有大量的生鮮商品，勢必與在地生活緊密結合。

舉例來說，日本築地市場以海鮮類聞名，雖然它是觀光客競相朝聖的店，但是因為這裡有很多海鮮類，所以也有當地消費者前去購買食材，不會只有一堆觀光客而已。講到這裡就可以發現，舊金山的漁人碼頭市場，除了週末的市集以外，生鮮比例已經佔非常的少，成為一個純粹提供觀光客的市場。

在地性，比例需拿捏

但是如果太過在地，不為觀光客考慮，如同西雅圖派克市場，就專為在地人服務，觀光客只能到此一遊、拍拍照片，感受歡樂氣氛，卻沒辦法帶回紀念品或現場享用美食，反而讓人覺得有些遺憾。因此，這個比例的拿捏，就需要納入考量。

其中的在地，又可分成兩類，一類是真正居住在市場附近，成為日常經常消費的地點；一類則是臨近城市的居民，每個月定期前來採買，這又是不一樣的狀況。我最喜歡的市場類型是三者兼具，因為針對不同消費者，就有不同需求，而不單單只服務某一種客群，連帶使得商品變得非常豐富、市場更加活絡。

回頭來說，波羅市場就呈現出生意盎然的景象，這裡有非常多的蔬菜水果、生鮮肉品、英國傳統炸物，也有起司、醬料、香腸、堅果等方便攜帶、易於保存的食物，可以同時滿足各方的需求。以香腸或堅果為例，不僅可以當場品嘗，也可以買回家當禮物。補充一下，香腸、肉類現在禁止進口，觀光客不能帶回台灣，但是對於歐陸或其他國家的消費者，可以將英國香腸帶回自己的國家。

豐富多樣的熟食，餵飽消費者的胃

波羅市場也有提供遊客試吃的肉品、食物、起司或醬料等，讓人先品嘗一下味道，因為提供試吃，就有大中小不同的包裝，可以作為食材，也可以當作零食。

另外，市場之所以吸引人潮的重點，還是在於熟食，剛剛提到的生鮮，當然是要買回家料理，起司、香腸也比較偏向於配料、點心，唯有熟食區才能真正讓整個市場活絡起來。

這裡的熟食區有點像香港大排檔，有些店家會特別準備座位，也設有公共座位區，因此可以看到消費者買了食物，就能夠坐下來品嘗，或是直接倚靠在牆邊，捧著食物，大快朵頤起來。

有一些在地居民會採用外帶，買了熟食帶回家，店家則提供不同的包裝盒，呈現出市場的繽紛與熱鬧，特別是每個禮拜只營業 3 天而已（禮拜四到禮拜六的白天）。

波羅市場剛好位在一條鐵路橋下，可以說是以交通運輸點為核心，而延伸出去的市場，遊逛過程還可以聽到火車進站的聲音，市場和鐵道緊密結合，更顯生氣蓬勃。相較於台灣傳統市場，可能常與廟宇、宗教結合成當地文化，都呈現出在地性的指標意義。

2-3

Pret A Manger 三明治咖啡館 × 好吃，倫敦街頭首推的傳統美味！

既然能以傳統食物打入市場，勢必要符合現代人的需求，重新定位三明治，讓這一餐簡單卻不隨便。

翻轉傳統模式，成功迎合市場

當我們抵達一處陌生的地方，沿路看到很多商店，除了一些個性小店，一看就知道無法複製以外，有時候確實難以判別是否為連鎖店。

台灣有比較多來自日本的連鎖店，於是一看店招就知道：「這個台灣也有！」對於不熟悉的品牌，該如何判斷是否為連鎖店呢？正是本篇的切入點。我會藉由觀察商店的類型、店招、座位、人潮，判斷是否還有其他分店？這些需要透過田野調查，走訪巷弄進而確認。

回過頭來講，我在倫敦街頭看到一家在地連鎖店 Pret A Manger，主要銷售英國傳統的三明治，為什麼談「英國傳統」呢？因為三明治正是英國人所發明，18 世紀一名英國伯爵由於熱愛橋牌而經常廢寢忘食，伯爵夫人為了在做其他事情時，還能夠方便飲食，於是把麵包和火腿等配料放在一起，最後迅速流行於英國社交界。

這家 Pret A Manger 既然能以傳統食物打入市場，勢必要符合現代人的需求，三明治原來是為了方便而產生的食物模式，這家店重新給予定位，主打健康取向，透露出簡單的餐點並不

隨便，不管是店招或店門口的燈牌，可以看到以蔬菜水果作為主要項目，甚至於搭配的飲料，特別強調使用有機咖啡豆。咖啡在西方飲食中有不可或缺的地位，連鎖店採用升級版的有機品牌，成為一個行銷重點。

1 萬步踏查，看見密集商機

我在某天的一萬步的踏查步行中，竟然發現平均每 1000 步，就會出現一家 Pret A Manger，這樣的頻率有些接近我們的便利商店，可能一個轉角就會看見它！

以倫敦市區而言，可以在金融區、商業區、觀光區密集展店，提供許多上班族飲食上的便利，正如同台灣 7-11 開始供應餐點，甚至於提供座位之後，就會發現上班族會在此解決中餐，兩者有著類似概念。這家連鎖店的客群，以上班族的比例最高，肯定符合現代人的消費習慣，才能在倫敦蓬勃發展出多家連鎖店。

Pret A Manger的三明治選擇非常多，一般就是夾料的不同，這家店卻提供多樣性組合，麵包就有全麥麵包、白麵包，加上主打健康飲食的蔬菜、水果配料等，呈現出商家特色。

這種店型令人聯想到 Subway，但 Subway 主打商品是潛艇堡，明顯和三明治不同。根據英國傳統概念，三明治至少要有好幾層，而且麵包偏向於片狀吐司，才能稱為三明治。如果採用厚一點的拖鞋麵包，或類似於法國麵包為主體，則偏向於潛艇堡；若是用軟麵包夾起配料的話，就歸屬於美式漢堡。因此，即便同樣使用麵包夾取食物，就會發展出不同的飲食文化和名稱。

另外，延伸補充一個小觀察，大陸西安有個非常傳統的街頭小吃「肉夾饃」，有人稱為中國漢堡，我覺得倒像中國的三明治，概念其實就是麵包或餅乾裡面夾肉。根據文字的型態，「饃」是比較硬一些的麵餅類，所以不應該是「饃夾肉」嗎？卻倒過來說「肉夾饃」？第一次看到這項食物時，就覺得相當有趣，我問過當地人，他們說「肉夾饃」就是把肉夾進饃裡面，所以語言的各自表述也可見一斑。諸如此類傳統的庶民小吃，都讓人了解到文化特色。

2-4

Graze 英國零食品牌 ╳ 從倫敦街頭的派樣談行銷……

派樣是一項專業工作，不管是從派樣的地點、派樣的包裝，還有對象，都是考量的面向。

消費品行銷，派樣不可？

派樣是消費品行銷的重要工作之一，相信很多人都曾在捷運站入口，拿到一些消費品的派樣。所謂的派樣是指廠商免費發送提供一樣贈品，通常用在新商品的宣傳，對於女生來講，最常拿到衛生棉的派樣。

換句話說，女生通常不太會更換衛生棉品牌，唯有收到新的衛生棉派樣，就會覺得試試看也無妨，所以派樣就是一個非常重要的工作，消費品公司會擬定計劃，在多少時間內，讓多少人使用過這項產品，連帶預估新品上市以後，能不能造成回購率？都是行銷工作相當重要的環節。

台灣有專門做派樣的公司，主要與外商用品公司合作，衛生棉就是其中最具體的例子，其它還有洗髮精、沐浴乳或是零食，因為唯有試用，消費者才會到貨架上

購買，進行新的嘗試，但並非每種東西都可以派樣。

派樣是一項專業工作，不管是從派樣的地點、派樣的包裝，還有對象都是考量的面向。所以我們常常會開玩笑，如果當妳走過去，遇到有人在做衛生棉的派樣，居然略過妳，就表示大概覺得妳的年紀太大了！

也就是說，整個派樣過程，必先訓練派樣員，派樣員才能夠鎖定目標客群，假使今天派樣一項男用刮鬍刀，目標對象鎖定成熟男性，當年輕學生經過的時候，就會 PASS，而非看到人就直接遞上去。

派樣也有所謂的時代變遷

以前台灣街頭巷尾常見派樣，廠商不僅要做商品本身的特殊包裝、外在說明，還要聘請派樣員，後來考量成本太高，加上社群媒體的興起，派樣相對就變少了。

如今，社群媒體也取代部分的小型派樣，例如可以聘請代言人或網紅，透過試用產品拍攝成開箱影片，或是直接在社群網路告知產品派樣，有興趣的人就會留言索取。所以派樣本身也有所謂的時代變遷，場景也隨之轉換。

還有一種在購買商品的時候，結帳店員會順帶附贈一個小型的試用包，則稱為類派樣，以及在日用品商店，有一些「加價購」活動，或是消費者買了東西以後，店家就額外贈送小贈品。有些派樣會直接放在屈臣氏或康是美的櫃台，當你買了產品 A，服務員就附帶送你產品 B，透過通路上的試用品發送，也是另外一種類型的派樣。

走在倫敦街頭，我碰到一種滿有趣的派樣，於是做了一點小記錄。這是英國零食品牌 Graze 新推出的煙燻口味小零食，我站在旁邊觀察，他到底要派樣給誰？既然是街頭派樣，最值得觀察的就是：「他會向誰遞出去？」因為這種食品任誰都可以吃，不像洗髮精、衛生棉，可能還有一些特定對象群，但這類食品到底送給誰呢？

後來，發現他主動遞出且被取走的，都是當地的年輕人（非遊客也非上班族）。有時候派樣出去，別人並不想拿，也許手上正拿著別的東西，或者對於這樣商品不感興趣，所以派樣很可能會被拒絕。我主動上前詢問：「可以給我一份嗎？」他非常高興地遞給了我，也多遞了一份給我先生。但是，像我們這種觀光客或是年齡層，應該不是他的目標對象群。

我把包裝仔細看過一遍後發現，的確是主打年輕人的休閒食品，一種新的口味，此外這名派樣人員本身有穿制服，全身打扮和後面背板，呈現出一個完整的配套，所以就算沒有拿到派樣，遠遠地看到，也是新品上市的宣傳點。

街頭消費互動，傳單幫了什麼？

講到派樣，當然免不了要提到傳單，街頭這種消費互動，傳單不僅是在倫敦，在各個城市裡面，已經越來越難達到目標了！

正因為大家都不想拿傳單，傳單本身也很容易被丟棄，但是我們在行銷上有一種「競品行為」，就像是有人站在交流道口，派發房地產的傳單一樣，只要有一家在派發，其他家就不得不跟進。意思是說，當競爭品牌有這個行為，你就不得不去做，明知道它沒有效，但還是得硬著頭皮執行，這其實是一種成本上的耗損。

有些創業者，剛開始都以為只要發發傳單，就會有人來店裡消費，可是從事零售業的人都很清楚，傳單效益只有「萬分之五」的行銷學語言，意思就是派出一萬張傳單，大概只會收到 5 個消費者，這裡還不能只站在店門口派發。過去在零售通路，請工作人員走到遠一點的地區派發，很多營業人員為求方便或想省事，甚至是害怕被拒絕，就只站在門口發傳單，發了傳單以後，大家就進店了，其實這完全是「無效傳單」。

唯有真正走出去，距離店面方圓 500 公尺以外，發出一萬份傳單，真的拿到傳單會進到店裡的人，大概只會有 5 個客人，這個比例可能低過你的想像。因此，常常有人說，傳單已經發了 500 份，怎麼都沒有人來呢？如果依這個比例來看的話，當然不會有人來。

另外一個行銷學語言，就叫做「千分之八」，意思是傳單上的截角、優惠或折價，甚至於免費來店禮，大概發出 1000 張，只會回來 8 張，整體比例雖然拉高了，還是比想像中少很多。你可能以為上面有個截角，只要來就送，但是如果是消費者不感興趣的東西，傳單就會直接丟進資源回收箱了。

換句話說，假設店家準備 100 份的來店禮，大概要發 7、8000 份的傳單，才有可能迎接 100 位客人、送完 100 份禮物。由此可見，發傳單是相當沒有效率的行為，尤其現今行銷模式跟消費行為都在改變，創業店家還是把成本省下來吧！

2-5

Up Market 大型購物中心的食物攤 × 週五限定，小型市集開吃！

這裡有很多有趣的食物攤位，包括一些現場做的食物，與一般冷食的西式餐點有所差別，也跟倫敦街頭看到的不太一樣。

現點現做的即時美味

在倫敦金融區有一家大型購物中心 One New Change，進到一樓，發現有非常多有趣的食物攤位，以購物中心的空間設置來說，比較偏向於市集，這種市集通常都是一個階段，例如年貨大街或是日本食品展，呈現一個時段或節日的特賣會。

為什麼我會發現 Up Market 的獨特性？首先，這裡有很多有趣的食物攤位，包括一些現場做的食品，像是炒麵、炒飯、炸物、炸丸子、飯糰等，與一般冷食的西式餐點有所差別，也跟倫敦街頭看到的不太一樣，整體型態有點類似於夜市或外帶便當的感覺，前來購買的人，一看就是附近上班族的模樣，拎了以後就走回辦公區。

對於什麼時候開始有這樣一個小市集，不免令我感到好奇。因為它就設在一般商店的外面，將近有 20 幾個攤位，排列得相當整齊，我詢問攤主：「你們是在什麼情況下，來到這個地方擺攤？什麼時段？主要吸引什麼樣的消費者？」答案居然是禮拜五中午，每個禮拜一天，而且只限定中午。後來我先離開此地，回來的時候大約是下午 4 點，整個市集基本上已經收乾淨了。

週末午間市集，竟類似台灣夜市？

因為這樣的擺放時間、地點和型態，在零售業裡面具有獨特性，於是我接著詢問還在收攤的攤主，他告訴我，因為這個區域裡面的公司行號，認為禮拜五是所謂的小週末，當天的上班族不管是衣著或心態都比較輕鬆，他們會希望這天中午可以外食，所以購物中心就特別安排每個禮拜五的中午，請這些攤位前來擺攤，匯聚一些比較特殊的食物，就是這麼簡單。

果真是一個奇特的型態，攤商可能從早上就要開始忙碌，準備食材、擺設、現點現做，只為了一個短短的午餐時間，竟然有人願意前來擺攤？重點是銷售狀況還不錯。其中是如何達到平衡，讓賣場跟店家都覺得可以持續下去？

歐美或英國其實沒有夜市的風氣，但這個市集就有一點類似的樣子，又有點像是園遊會的概念，由於是午市，主要以食物為主，當然也有一些皮夾、髮夾、項鍊等商品。

如同流動夜市的營運模式，背後還有更深層的意義，就是如何能夠達到收支平衡，或是能夠有所獲利，讓這些攤主願意繼續前來擺攤？都很值得繼續觀察與研究。很遺憾地，我並沒有時間可以進一步獲取更多信息。其實我相當好奇這樣的營收，是否真的能夠打平，甚至獲利？以及這些攤位平常又在哪裡做生意呢？也許等到以後有機會，再看到類似型態的市集，再來做更進一步的探討。

2-6

Wasabi Sushi & Bento 速食連鎖餐廳 × 倫敦街頭的風格壽司店

食物朝向健康概念發展，已是當前必然趨勢，於是壽司竟打敗英國的傳統食物，成為新平民美食！

英國版壽司，成了潮牌速食！

如果說，倫敦最容易吃到的食物是壽司，有人相信嗎？

我的前一本書提到，對於德國人來說，亞洲食物主要來自日本和越南。當壽司漂洋過海來到英國以後，想不到發揚得更為廣大，這裡並不是我們想像中的日本料理店，有布幔、隔柵或是招財貓等元素，而是融入英國人生活之中，成了速食新型態。

這些壽司輕食店，整體時尚又清爽，生意非常好，主要販售盒裝壽司、沙拉，搭配冷飲及熱湯，可以發現倫敦消費者很能夠接受外來食物，既講求效率，也重視健康，於是在幾個前提之下，壽司自然脫穎而出，變成既方便又時尚，且獨具異國風味的特殊食物。

一般速食店很少販賣熱湯，但以壽司為主的速食店，搭配的就有味噌湯、海帶芽湯，與壽司一起放在開放的貨架上，讓消費者自行取用，類似於我們在高鐵或車站附近，店家所販售的盒裝壽司，快速又方便。

在我的記錄中，倫敦至少有 2 個連鎖店，其中一家名為 Wasabi Sushi & Bento，Wasabi 就是日文的芥末，上網搜尋以後發現是由日本人開設，已有十餘年的歷史，近年來的拓店速度有明顯成長，發展得越來越好。換句話說，食物朝向健康概念發展，已是當前的必然趨勢，也因為健康飲食的觀念高漲，壽司才有機會打敗英國的傳統食物，如炸魚、炸薯條類的平民美食。於是，整個倫敦街頭最容易吃到的食物，竟然就是壽司了。

新平民美食，壽司成首選

英國傳統的炸魚、薯條類等平民美食，大多會與酒吧互相結合，比較常見於相約「喝一杯」的時候，但是不喝酒的狀況之下，上班族或是一般消費者想要簡便地解決一餐，就不會去酒吧，於是壽司和三明治的店家就成了首選。

為什麼說 Wasabi Sushi & Bento 符合現代消費者的需求呢？從照片可以看到，不僅是設置許多的單人座位，讓一個人前往也不會覺得突兀，重點是每一個座位都設有插座，方便消費者充電。

如今的單身者越來越多了，雖然這裡沒有舒適到像咖啡店，讓人可以帶著筆電在此工作，但是在吃飯的時候，能夠順便充個電、看一段影片，或者是上上網，也是非常不錯的事情。對於背包客或是自助旅行者來說，面對這些價位合宜、符合趨勢的設備，也會感到非常貼心和便利。

2-7

英國旅館小物 × 讓人想要帶回家的小東西

專為眼下客人所準備的便利小物，因為這份體貼入裡，才能真正打動人心。

禮賓至上，貼心招待

我住了 2 家旅館都屬於比較古典的建築物，特別是倫敦對於古建築的保存可謂良好。入住旅館的時候，一進門常見桌上擺放迎賓水果，附上一些小點心，大部分都具備當地的特色，例如台灣飯店會提供在地特產，椪餅或是鳳梨酥，這些東西也會在專賣店販售，也算是一種試吃的概念。假使是 VIP 或有特別原因，例如適逢生日，旅館可能還會準備一瓶紅酒或小蛋糕，作為祝福。

但我這篇提到的旅館小物，不是這種類型。這間古老的飯店 The Langham London，帶給我的第一個小驚喜是耳塞，上面還附了一段話：「如果你喜歡城市的聲音很好，但是也可以選擇更安靜的方式！」因為旅館就位在街道旁邊，夜晚可能有些吵雜，就準備一副耳塞，萬一覺得

外面太吵的時候可以使用，而且還用了很婉轉的方式告訴你，請不要嫌棄這邊很吵，這是一種在地的感受。

其中，有個小盒放了一個枕頭噴霧和滾珠瓶，噴霧可以噴出淡精油，滾珠瓶則用於頭頸部，在德國海德堡的一家旅館也放了類似東西，我覺得很有趣。還有另外一種常見小物，旅館床頭都會放置一枝筆，請問你會把它拿回家嗎？通常不會，因為不夠精美。然而，筆是一個低單價的商品，假設飯店想要凸顯特色，其實可以把筆設計得更為精美，才能讓人愛不釋手。

另外，就是一張書籤，雖然只是一張薄薄的紙，但有趣的是房務人員在清潔時，因為我在床頭放了一本書，他在幫忙鋪完床以後，就把書籤放在我的書上，令我感到非常窩心。這家「朗庭」算是比較高檔的奢華飯店，它有很多巧思跟細節，值得我們學習。

歡迎你，把回憶帶回家！

曾經在一篇文章提到，有一間溫泉旅館提供拖鞋，並不是紙拖鞋，而是讓你方便泡溫泉的時候，可以穿的夾腳拖。

但是後來發現它不准住客帶走，當時我還有特別寫一篇文章讚美這雙拖鞋很好穿，只是拖鞋不算高單價，留下來當然沒問題，可是旅店應該鼓勵客人帶走，因為它就是這家旅館的延伸品，每次穿這雙拖鞋，就會想到在那邊行走的度假時光。

換句話說，旅館小物絕對不是：「哎呀！被拿走了，被占便宜了！」認為旅客或消費者就是喜歡貪小便宜，錯了！其實現在很多東西想送給人家，人家都還不想要。如果東西做到讓別人願意帶走，我認為這表示認同你的東西，覺得是樣好物，要從這個角度來重新思考，而不要把消費者還當作是以前那種愛貪小便宜，把旅館裝備全都藏在行李箱裡頭帶走的那個年代。那個年代已經遠去了，就算有，畢竟也是少數。

我們今天談的是一個行銷概念，店家必須想清楚，這些東西是否要當作贈品？還是希望消費者把美好回憶帶回家？當回想到這間飯店，會興起再次造訪的契機？更何況前面提到的這些貼心小物，不管是安眠的噴霧、耳塞、書籤，或是滾珠瓶，其實都只為了眼下這位客人所準備，因此才會體貼入裡，真正打動人心啊！

在疫情過後的現在，很多撐過艱困的旅館業，都在準備復甦後的商機，不妨更用心來思考，可以提供什麼旅館小物呢？

2-8
Black Cab 計程車 ╳ 獨立包廂，英國特有種！

一座城市的計程車，到底有什麼好值得記錄？其中，包括它的顏色、收費、招呼的方式……，都有新奇之處。

一座城市，值得記錄的計程車

談到倫敦的交通工具，大家心目中印象最深刻的就是雙層巴士，特別在《哈利波特》或是很多 007 電影裡頭，可以看到它的身影，這一篇特別提到倫敦計程車。

一座城市的計程車，到底有什麼好值得記錄？其中，包括它的顏色、收費、招呼的方式，都有新奇之處。例如，不是每座城市的計程車都可以隨招隨停！當我們抵達一個地方，才發現並不像台北一樣，站在路邊，把手稍微舉起來，就有計程車靠過來。很多時候，可能要在特定的地方，才可以搭得到計程車，尤其現在網絡發達以後，大多需要使用手機 APP 預約叫車，才比較容易搭到車。

但是，這些計程車基本上都只是一般車子，然而倫敦的計程車卻非常特別，它把後車廂的空間放在中間，所以整個後座

就變得非常的寬敞。表面上看起來，它是一個沒有後車廂的車子，倫敦全部的計程車都是如此。具體來說，當你搭上車之後，可以把行李直接放在腳的前面，所以沒有行李的人，自然就會覺得空間非常寬敞，如同一個獨立包廂。

英國特有種，細微自有貼心處

先前提過，中國大陸的計程車起步價，相當於一個工薪階層的盒飯，英國計程車的起步價還不算太貴，3 英鎊換算台幣大約 100 多塊，大致跟台灣差不多。

既然人跟行李都坐在後座，就會發現跟司機的距離也相對比較遠，所以乘客跟司機當中，就有一個玻璃區隔。因此，假設你在車上談話，也不用擔心司機偷聽。假使你想要跟司機講話，該怎麼辦呢？車窗邊有個按鈕，按了以後，司機才聽得到聲音。另外，在按鈕的旁邊，也告訴乘客有付現或刷卡的消費方式可供選擇，如果要付現的話，可由司機打開一個小小的窗口，乘客直接拿錢給司機，算是頗為貼心的設計。

換句話說，這種車型是倫敦專為計程車而特別開發出來，一般的私家車或是私人用車，沒有這種車型，而且國家也給予認可，真是非常特別。

2-9

倫敦一級商圈 × 哇嗚，古城堡的華麗變身！

做過品牌CIS系統工作的人就知道，戶外比較難有旗幟的出現，不管台灣或中國大陸都非常不流行……。

旗海飛揚，古典風味新時尚

在倫敦這樣一座相對古老的城市裡面，要在一級商圈開店，街道兩邊都是古蹟式建築，在此裝設招牌不就破壞美感了嗎？因此，此處採用一種別緻古典風的旗幟，說到這裡大家應該會恍然大悟，難怪《哈利波特》每個學院都設有旗子。

走在倫敦一級商圈，隨處可見旗幟飛揚，做過品牌 CIS 系統工作的人就知道，在應用規劃當中，戶外比較難有旗幟的出現，不管台灣或中國大陸都非常不流行，因為規劃了旗幟也不知道掛到哪裡，所以旗幟規劃不在一般傳統的 CIS 系統之中。

更何況，倫敦街頭的旗幟非常特別，並非一般長方形，不是平常放在店門口的那種立旗，也不是透過升降方式，而是直接掛在建築物的外面，如同一個斜邊梯形，這幅畫面就如同電影裡頭所看到的一樣。

所以到底要怎麼設計呢？就成為各個品牌的美感比賽，我常說在同樣條件之下，不同品牌要如何凸顯特色？還要留意到原有的限制，就是一項專業考量。

獨特旗幟，彰顯品牌定位

想要成功打造 CIS 旗幟，看遠看近都要具有辨識度，除了彰顯店招特色，還不能比別人遜色，就不能直接壓上 Logo 就宣告大功告成，這就是品牌專業的工作之一。

城市重要的一級商圈裡，品牌開旗艦店就像是作文比賽，亦即在同樣的條件之下，每一家要如何凸顯自己？從建築物外觀到門店、櫥窗，每一處都是很好的發揮題材，如同這樣的街邊店比賽，比起在百貨公司和購物中心，有趣得多了。

有面旗幟可以看到中文字「波司登」，這是中國羽絨服飾品牌，而且還是整棟規模，表示中國已經有一個可以立足在倫敦的國際性品牌；其他的幾面旗幟，從迪士尼專賣店到維多利亞的秘密，從萬寶龍到德國的 Hugo Boss，甚至是英國最大的藥妝通路 Boots、美國蘋果電腦，都會設計一面獨特的旗幟，隨風飄揚。接著，再走進店內觀察，每一家店裡面，還是保有自己的風格與特色，例如蘋果電腦雖然位處古建築物，卻打通內部空間，展現品牌時尚明亮的風格。

為什麼這種旗幟 CIS 會在倫敦出現呢？我認為，可能跟英國本身文化有關，這裡有很多的城堡、古建築，有城堡就有所謂的堡主，通常會用旗子彰顯領地，英國可能尚存這樣的歷史文化，所以傳統古老的建築外面就會有個旗桿，它不會破壞建築物本身及整體美感，整排旗桿相當整齊有序，同時不會因為新的商業模式，就把傳統全部抹煞了，而能保留原有文化，又能凸顯各種不同品牌特色，當成獨一無二的店招，吸引來客。

UNI
QLO
ALLSAINTS
Disney
EXTRA
H&M

2-10

Warner Bros. Studio Tour 哈利波特影城

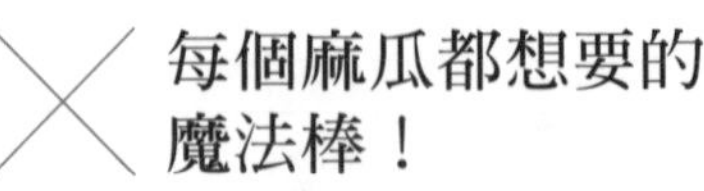

每個麻瓜都想要的魔法棒！

整體魔法情境的營造，才是哈利波特影城之所以成功的關鍵原因。

哈利波特，我來了！

哈利波特已經形成一個很龐大的產業鏈，從出版、電影、音樂、玩具、遊戲等，目前在環球影城也有專門規劃的哈利波特區，相關性的衍生商品也琳瑯滿目。為什麼這裡要特別介紹，位於倫敦華納的哈利波特影城呢？因為當初電影拍攝的主要場景，長達 10 年都是在這座影城完成的，當電影完結之後，就把整個場景保留下來，改造成哈利波特觀光影城。

從倫敦市區到哈利波特影城，這裡提供觀光客一日行程，包含來回巴士跟入場券，當然也可以自行搭乘大眾運輸工具或開車，距離倫敦大概 1 個小時的車程，還不算太遠。當然，提到哈利波特衍生出整個消費產業鏈之外，這一篇主要分享這個衍生商品的市場。

我們從電影裡面的「斜角巷」，就是

從「巫師界」這個商業街的場景切入，販售商品真的可以用嘆為觀止來形容，之前透過書籍，可以讀見斜角巷裡頭的商品應有盡有，從糖果、魔法棒到衣服等巫師配備，現場通通買得到，還可以看到原來的拍攝場景，甚至呈現出魔法特效、燈光、氛圍等，參觀的消費者可以坐在掃帚上，背後是綠布幕，利用後製做出飛天的感覺，吸引許多小孩子前去排隊。

營造情境，宛如置身其中

除此之外，整個販賣的商品還包含情境，就好比我真正進入斜角巷買東西一樣，這裡把斜角巷的所有東西，通通變成觀光客可以買回家的商品，販賣部就坐落在斜角巷的後面。換句話說，你是先看到斜角巷的拍攝場景，接著就走進了販賣部，讓人完全投入在「我就是要來這裡添購魔法裝備」！

對於商品銷售，情境塑造具有關鍵影響力，所謂的魔杖，商品看起來就像是一根筷子，如果只是純粹地放在一般的玻璃櫥窗，然後說這是一根魔杖，大概沒有什麼消費者埋單吧！因為買回家，它不過就是長得像筷子的東西，然而在這裡，透過斜角巷場景的延伸，甚至透過解說，你會知道每根魔杖有各自的主人，可以選擇妙麗、榮恩，或是哈利波特的魔杖，那麼是不是就別具吸引力了？於是乎，就有很多小朋友在這裡挑選：「我想要當鄧不利多！」帶走了一根魔杖。

由此可知，延伸商品絕對不是印上一個圖騰就好，舉例來說，最常見的就是馬克杯上頭壓印了一個 Logo，已經成為十大最雷的紀念品之一。反觀哈利波特影城販賣部的作法，走到銷售魁地奇的地方，就會布置出運動場的場景，呈現主角人物和地景照片，彷彿重現魁地奇的比賽現場，自然就會想買一些紀念物，這才是哈利波特影城之所以成功的關鍵原因。

Ext: Whomping Willow

情境式消費，遊客無法擋

哈利波特影城當然也有銷售書籍，小說只是基本款而已，這裡還有非常多外面看不到的獨特商品，例如收錄拍攝過程、花絮的影音光碟，或是小孩子的圖畫書、背後拍攝故事，以及當初劇照的合集等，光是書籍本身的延伸商品就足以發揮到淋漓盡致，加上這種情境式的消費體驗，使得遊客覺得非買不可。

換句話說，你在別處商店絕對買不到魁地奇的金探子，但在這裡就會忍不住想買一個帶回家！

附帶一說，我之前在浙江衛視的子公司，曾經負責過動漫衍生商品的規劃、授權、展店及銷售，明白這是一個龐大的商機，前提是要有影視作品本身的價值作為基礎，而不只是一個卡通或是童話故事，就可擴展出如此龐大的商機。首先，唯有提升原本影視作品的價值，只有成功，商品才會成功，而且這股熱情必須一直延續下去，才有可能成為不敗的經典。

換言之，米老鼠和唐老鴨已經不知道多少歲了，經典商品依然熱賣，並不會因為已經發行很久就淘汰過時。此外，不管是哆啦 A 夢、櫻桃小丸子、Hello Kitty、史努比也好，不論創作者是否依然在世，重點在於延伸影視作品本身的魅力。

如同哈利波特已經拍完逾十年了，但是它的故事依然流傳下去，這座全新打造的魔法影城，開發出琳瑯滿目的延伸商品，迎來絡繹不絕的觀光客，在在證明了它的成功。

UNICORN HAIR
hbg

歐陸篇

Chapter 3

波荷比盧法

不會找路看熱鬧，大內高手窺門道

零售市場的踏查之旅，從美西跨進歐陸，行蹤繼續深入內陸，展開 8000 公里的長征，不只熱鬧紛呈，還有獨家商機門道，帶領一窺在地零售產業的堂奧。

HÔTEL
RohaN

3-1

Poznan 紀念品專賣店 × 把紀念品開成了一座 Mall！

波蘭店家因應當地特色而產生的紀念品，藉由本身的森林資源，衍生出木雕擺飾、相框、盒子、小茶几等，多樣化的實用類型。

古城商場，豐富又多樣

不管是風景名勝或古蹟，設有紀念品販賣區，一點都不稀奇！

在不同地方，會有各種不同紀念品的陳列與銷售方式，有些是專賣店，有些則是小攤子，但克拉科夫（Krakow）居然把紀念品開成了一個 Mall，坐落於一棟古老的大樓，兩側店家全部都在販賣紀念品，因為數量多，無可避免地就有很多相似性，儘管有一點點可惜，可是因豐富性非常高，也就降低了重複的遺憾。

首先，這棟古老大樓具有歷史的痕跡；其次，兩側店家販售的多樣性很高，有木雕、皮件、布藝，甚至當地的寶石、零食、果乾等。從另外一個角度來看，波蘭的這個城市其實仍在賺手工財，店家因應當地特色而產生的商品，並不是外來的東西，因為該區有很多森林資源，就有很多木頭

相關物，像是木雕擺飾、相框、盒子、小茶几、筆架、杯墊等家用品，具有非常多樣化的實用類型。

古樸的文創，仰賴手工經濟

相對來講，波蘭在歐洲屬於經濟弱勢，這裡可以看到原始的皮革、毛皮，消費者可以整片購買下來，後續製成地毯或加工成皮件，包括皮包、皮帶、皮夾等，呈現出古樸、原始的況味。

另外還有刺繡與布藝，可以看到歐洲傳統式的手工衣物，以及當地次寶石加工做成項鍊、耳環、手鐲、別針等，所謂的次寶石，亦即不是那種相當昂貴，卻能豐富地展現特色。諸如以上的物品，一再證明波蘭依賴龐大的「手工經濟」，透過商場的方式呈現，也算是一種停留在傳統階段的文創商品。

此外，波蘭的民族性比較強烈，人種較為單一，看起來都是金髮碧眼的白種人，沒有太多的黑人、亞洲人，國際觀光客也比較少，由於物價相對比較低，吸引其他歐洲國家的遊客到訪，可以看到拿著法國、英國、德國、義大利國旗的各式旅行團，因而被稱作「歐洲人的後花園」，算是頗為特殊的景觀。

3-2

CCC 波蘭鞋包連鎖通路商 × 從腳開始的貼心！

店家提供一次性的短襪，讓整個試穿鞋子的過程，變得相當衛生，同時讓人感到無比貼心。

穿鞋前先送襪，既衛生又貼心

若是把鞋類當作整個通路的重點，就要顧慮到商品的深度跟廣度，台灣也有全部以鞋類為主的通路，例如全家福，今天要買什麼樣的鞋子，都可以到那裡找找看，只是以實用性為取向，有時難免讓人覺得與時尚有些脫鉤。

一個連鎖通路想要跟著潮流趨勢，勢必要有其他的搭配商品，當我在波蘭的購物中心裡面，經常可以看到 CCC 品牌，除了鞋子以外，還有陳列皮包、襪子、絲巾等，其他非衣服類的小物，用以搭配鞋子，使得整個商品呈現出豐富度，但其中最重要的還是時尚感。

觀察 CCC 的鞋子品項，分成男鞋、女鞋、童鞋等，女鞋也有不同的類型，延伸出上班族的鞋子、靴子、休閒鞋等，特別是在試穿區提供一次性的短襪給客人。

換句話說，只要試穿鞋子，服務員就會遞上一雙短襪，穿完以後可以自己帶走，旁邊也有小垃圾桶方便丟棄。

這種一次性的短襪，讓整個試穿鞋子的過程，變得相當衛生，不會讓人覺得好像試了一雙鞋子，而影響了鞋子本身的清潔度。目前在台灣鞋店確實比較少見這種做法，可以學習這份貼心。

鞋子延伸配套，這裡通通有！

當我們在試穿鞋子的時候，除了衛生與否，另一個重點在於平常穿鞋會穿襪子，加上襪子以後，可以更加確認鞋子是否適合自己。因此，這裡就有銷售棉襪。

剛剛提到，免費贈送的一次性短襪，偏向鞋套型的女性絲襪，我也看過一些更高檔次的鞋店，提供稍微厚一點的棉襪給客人，搭配購買皮鞋或是稍微正式的鞋款，比較能夠知道真正

穿起來的感受性。回頭來講，假設今天消費者很認真地要選購一雙鞋子，有時候可以穿著日常習慣的襪子前去店家，才不會買了之後，發現尺寸還是有一點點落差，這些都是細節所在。因此，我覺得在這個連鎖通路裡面，看到這樣的貼心服務，相當值得嘉許。

為何我會提到襪子，因為它跟鞋子息息相關，在談一個專賣的連鎖店，什麼叫做相關？若以廚房用品來說，除了鍋碗瓢盆，也要有筷子、湯匙、刀叉等物。若是鞋子，正相關就是襪子、鞋油、鞋刷，除了這個之外，還有呢？這家 CCC 廠商放進皮包、絲巾等快時尚的流行配件，可以跟鞋子搭成一整套。

另外，還可以發現一些隨手小物，擺在結帳櫃台的附近，一來與時尚有關，一來方便大家隨手購買，因此儘管以鞋子為主，提袋、包包、絲巾等搭配性小物，也會出現在類似通路。

附帶一提「相關性」，有些男性鞋店也會順便銷售內衣，通常男性消費者比較不常逛街，因此購買鞋子的時候，就會一起添購生活必需品，正是為了配合消費習慣而產生。

3-3

Kopalnia soli Wieliczka 維利奇卡鹽礦 × 地底下也能尋賞美味

一路走下樓梯，探索地底風光

克拉科夫是波蘭僅次於華沙的第二大城，以觀光旅遊為最大宗，而克拉科夫核心的觀光勝地就是鹽礦，當時鹽礦開採的時候，相當於整個城市的經濟命脈，但是近幾年停止開採以後，就變成了觀光景點。

我參加克拉科夫規劃的旅行團一日遊，參訪鹽礦行程，有接駁車帶大家前往，到了鹽礦以後，開始往下走，本來沒有心理準備會下到這麼深的地方。一開始，先以樓梯步行的方式，慢慢走下 30 幾層樓，大約是 100 多公尺，由於是一路繞下樓梯，剛開始覺得好像還好，可是越到後面，內心開始湧起壓力，一路走到最深的地方，地底 135 公尺。

眼前儼然是一座地下城市，裡面有餐廳、宴會廳、商店、教堂、養馬場等，但

當時鹽礦開採的時候，相當於整個城市的經濟命脈，
但是近幾年停止開採以後，就變成了觀光景點。

現在沒有馬了，轉變成觀光景點，現場被布置了道具，讓遊客知道以前是養馬的地方。為什麼會在地底下養馬呢？原來這些馬都是交通工具，要負責搬運鹽礦到達可以運送的地方。至於教堂則是提供給礦工心靈的慰藉，因為經常要在礦區生活一段時間，可以直接在此做彌撒或禱告，種種設施都在滿足生活所需與信仰需求。

135 公尺深，地底下的商業模式

回過頭來看，位於地底下 135 公尺的商業行為，商品當然是以鹽為主。鹽的商品大致可分成三大類，第一就是食用類，各種加味鹽、烹調用品，例如說吃牛排和海鮮的調味鹽，可能就不一樣，以及採用研磨、細鹽、粗顆粒的分別，透過包裝呈現出各種不同的類型，像是玻璃罐、大小容量等。

第二類是做成鹽的肥皂和洗劑，肥皂洗劑包括泡澡用的沐浴鹽，因此就有很多香味，使得產品變得相當豐富。

第三類則屬於裝飾物，除了裝飾之外，還有藝術賞玩的價值，就是鹽燈和鹽雕，這裡使用本身的鹽礦變成燈座，或是在鹽礦裡面直接點燈，藉此透出不同的光澤，別具一番氣氛。

整個礦區只有這裡有網路，我想大概是為了結帳刷卡方便，其他地方就是「與世隔絕」，可能很難想像，地底下有這麼豐富且完整的地方，而且光是教堂就有挑高 10 公尺高，裡面還設有電梯，只可惜裡面的燈光稍微昏暗了些，遊客拍照時都不很清楚。

鹽礦周圍的環境十分乾燥且乾淨，溫度怡人，沒有任何一點氣悶的感覺，可知通風和管理做得非常良好。沿著礦坑道走，沿路都是鹽礦的痕跡，充滿原始的風味。當整個鹽礦區參觀結束後，不同於剛開始的步行，最後是搭雙層電梯回到地表上，電梯類似於施工電梯，人走進去之後，把閘門整個拉起來，頭手腳都不可以伸出來，直接把人從鹽礦底下拉上去，確實是相當特別的經驗。

3-4

Kraków 克拉科夫購物中心 × 在地人買辦遊逛的好所在！

購物中心針對手機重度使用者，宣揚一種使用者付費概念——請自己發電，呈現出類似遊戲的有趣設計。

平價為主，聚焦當地居民

一提到克拉科夫的購物中心，要先瞭解波蘭購物中心的獨特性，因為受限於經濟條件，波蘭很少一線的國際精品，而保有自己消費型態的市場，這裡的購物中心基本上也都是平價商品為主。

該如何觀察一家購物中心呢？首先是地點和交通，購物中心之所以集客，一定要瞭解目標族群是當地客？還是外來客？其次是交通動線，消費者是否能搭交通工具到達？都會影響購物中心呈現的型態。

以美國西部來說，通常以開車為主，有些購物中心會沿著交通軌道設置，位於地鐵站附近，或位在機場附近，鎖定 Outlet 方面的客群；有的則在公車總站的旁邊。交通動線會影響購物中心的規模與銷售對象，而有社區或觀光商圈的不同。

首先，購物中心要先觀察主力店，其中的核心或本身具有集客力，Kraków 購物中心的主力店是家樂福，還有頂樓的電影院，這樣的設置並非為了觀光客而生，而是屬於城市自有。即使不懂流通零售，具備這樣的概念，就會了解商品的結構，唯有當地的消費者才會去家樂福，只有當地的一般居民才會到電影院，因此才用這兩個當作主力店。

再者，波蘭很少一線國際精品，所以只要觀察有哪一些品牌，透過品牌店的位階，大概就知道整個購物中心的消費層級。最後，則是觀察整體行銷跟活動，檢視營運管理。

有趣小設施，年輕人都埋單

Kraków 購物中心有兩個比較特別的設施，而且都放在美食街與兒童區之間，一個是踩著腳踏車，就可以將手機充電的機器，吸引著許多年輕人，大家就是在那邊踩著腳踏車，然後開始充電。由於現代人機不離身，因此手機需要常常充電，如果沒有足夠的充電座，消費者會覺得不方便，可是要無限制地提供充電座，就要設置很多座位或與餐廳業者溝通，以便有更多空間。

但是在此，結合兩項物品，利用腳踏車產生電能使手機充電，換言之，針對手機重度使用者的年輕族群，宣揚一種使用者付費概念——請自己發電，呈現出類似遊戲的有趣設計。

另外一個設施是超大觸控螢幕的足球遊戲桌，以前有一種手上足球遊戲台，提供雙方相互對抗，購物中心把這個概念升級了，設計一個超大觸控螢幕，同樣概念不變，分成兩隊對抗，利用手部觸控螢幕，進行整個足球遊戲，孩子們相當喜歡，所以就會在附近逗留。

諸如此類的精心小設計，同時符合當地銷售客群，那些來自西歐的觀光客，大多為了觀看名勝古蹟，買一些紀念品與土特產，並不會跑到購物中心來買東西，因此這個購物中心的消費層次，比起西歐地區稍微低一些，主要仍以當地居民為主。

3-5

Amsterdam 阿姆斯特丹的花季 ╳ 這裡的花，永遠盛放！

荷蘭是一個花卉王國，在不同季節有不同的花，台灣有非常多的觀光團正是為了賞花而到訪……。

花卉集散地，永遠色彩繽紛

提到荷蘭，大家最常想到的當然是風車；其次，就是阿姆斯特丹的花季了！

荷蘭是一個花卉王國，在不同季節有不同的花，台灣有非常多的觀光團正是為了賞花而到訪，從春天一路到秋天，都有不同的花卉供大家欣賞，等於是最大的花卉集散地。因為全球疫情，最近的花季還丟掉非常多的花卉，看了真是心痛。

我去的時候已經秋末了，換句話說，根本就沒有趕上花卉綻放最繽紛的時節，我並不是為了花季而去，所以倒也談不上失望。但是當我到了當地的花卉市場以後，想不到居然依舊是色彩繽紛，的確出乎我的意料之外。為什麼在一個不是花季的時節，花卉市場依然色彩繽紛，一定有一些特別原因。

用心培育，許一個來年的盛放

經過仔細觀察後發現，首先，這裡還是保留了部分鮮花，是由溫室所培養，不管是為了應付當地節慶的需要，或是提供觀光客遊賞，至少在花卉市場裡仍然看得到當地最大特產：漂亮的鬱金香。

當然，其他就是所謂的假花，這些是為了裝飾用途，或者是因為技術做得很好，也可以稱之為「仿真花」，同樣具有色彩繽紛的效果。

但是最多的，其實是球莖，球莖就是鬱金香不開花的時候，長得有點像顆大蒜的頭，也有點類似水仙花的球莖，它變成一顆一顆的模樣。花卉市場裡隨處可見都在賣球莖，大家都是為了明年花季而預作準備，球莖象徵買一個希望，上頭標語寫著：「只要用心培育，就許你一個明年盛開的鬱金香！」

在花卉市場，球莖可零售亦可批發，雖然它看起來都相似，其實分成非常多不同的品種，不管是花朵的顏色、大小都不一樣，我們可以發現雖然只是球莖，種類還真是琳瑯滿目。由此可證，阿姆斯特丹真的是舉世聞名的花卉專賣市場。

因此，即使不是花卉盛開的季節，整個花卉市場依舊是人來人往，對於遊客來講，這裡也有販賣很多明信片，或是插花用的花器，供遊客選購帶回家。整個感覺很類似台灣的建國花市，但規模當然更為龐大，攤位非常多，令人目不暇給。不過，這裡比較少遊客可以休息或食用的區域，基本上就是一個全球性的花卉批發市場。

3-6

Albert Heijn 連鎖超市 × 荷蘭版的全家便利超商！

便利店通常可以看到最核心的零售狀況，也可以瞭解庶民經濟。

便利店，最核心的零售

記得曾經提過，到一個新的國家探訪的時候，一定要先從商店開始！因為每一種商店的型態不一樣，當看到便利商店的時候，就覺得一定要進去好好地研究一下，通常便利店可以看到最核心的零售狀況，也可以瞭解庶民經濟。其中有家Albert Heijn，就像是荷蘭版的全家便利商店，它的色彩搭配很相像，以綠色為主、藍色為輔，從整個裝潢一眼就看得出來，就是個便利商店。

仔細觀察後，這間屬於半自助式的無人商店，新潮的櫃檯設計，顧客可以自己掃描、結帳，現場還有一些現做的壽司（又來了，又是壽司啊！），就像是一個開放式廚房，你可以看到廚師在裡面做壽司，讓我想到台灣的便利商店，現在開始既賣咖啡，又賣珍奶，也有餐飲進駐，有

一點點異曲同工之妙。

只是這裡選擇的是現做壽司，這裡還有賣一種飲料，叫做「新鮮薄荷葉的水」，屬於該店裡面的特別瓶裝，瓶子裡面有新鮮的薄荷葉，打上的是這家便利商店的名字，代表這是它們專屬的店內商品，相當有趣。

3-7

Stach 甜點店 × 創意櫥窗，一眼就能看見的美味！

這間甜點店把甜點當成裝飾品，直接放在櫥窗排成一排，讓消費者遠遠地就可以看到……。

甜點櫥窗，看著就想吃！

Stach 是阿姆斯特丹非常著名的甜點店，它的坪數不大，比較獨特的是櫥窗堆疊了非常多當地的特色甜點，幾乎把櫥窗擋住了一半。各式甜點跟我們的手掌一般大，不管是椰子餅、杏仁餅，也都是非常可口誘人。我會介紹這間甜點店的原因，是因為將甜點直接放在櫥窗排成一排，把甜點當成裝飾品，讓消費者遠遠地就可以看到，這是一家甜點店！

這種甜點店在阿姆斯特丹的街上相當常見，以這家連鎖店為最大宗，店內會有一排小小的咖啡吧座椅，客人可以搭配咖啡，但大部分客人還是外帶享用為主，一個椰子餅大概 1 塊多歐元，不到 2 塊歐元，因此這種甜點在當地算是庶民小吃，平日會常常前往選購，作為下午茶或零食。

紅茶、薄餅，滋味絕配？

台灣旅客到了阿姆斯特丹，常常會買一種薄薄的餅，這種餅的吃法是放在紅茶上面，就是當你點了一杯紅茶的時候，上面附帶一個大大薄片的餅乾，口感類似於法蘭酥、杏仁片。這家店裡當然也有。

其實，主要吃法並不是酥脆的口感，而是已經潮化的餅，讓紅茶的熱氣將上面的餅乾稍微軟化之後，才開始品嘗。台灣觀光團都會買這種餅，但是吃法跟台灣人的習慣不一樣，因為我們都習慣吃脆口餅乾，這種軟軟的餅乾並不符合我們的口味。

這次因為疫情，碰上荷蘭對台灣示好，一宣傳之後，這種荷蘭餅居然賣到缺貨，一直到現在所有電商都還買不到。真的太跟風啦！

3-8

Maison Antoine 餐車 × 比利時最好吃的薯條！

這家薯條店在當地非常知名，聽說德國前總理梅克爾前來開會的時候，也曾來排過隊！

排隊美味，口味任君挑選

比利時的首都布魯塞爾市中心有一個廣場，這個廣場平常就像一個大公園，一般遊客跟居民會在當中行走穿梭，在此會發現有一些攤販市集的地方。

這次看到一個大排長龍的餐車，幾乎人滿為患，在廣場裡面，大家都集中在這個餐車附近。走過去瞭解以後，發現原來是在賣薯條，到底它的薯條和其他地方，有什麼不一樣呢？懷著好奇心，我也加入排隊人龍。

這裡的薯條似乎跟鬆餅是一樣的賣法，換句話說，分成不同的口味，在薯條上加上不同的醬料，例如：奶油醬、蒜蓉醬、美乃滋、番茄醬等，使得薯條口味各異，就像我們吃鬆餅一樣，淋上不同的醬料，可能有巧克力、蜂蜜、果醬等等，口味就有所不同。

夜間小吃，總理也愛這一味

這家薯條店在當地非常知名，聽說德國前總理梅克爾前來開會的時候，也曾來排過隊！所以當地居民及觀光客，每當來到布魯塞爾，就非得要朝聖一下，買這家的薯條吃吃看不可！不過，店家只在晚上才營業，如同夜市的時間一樣。

我大概排了超過半個小時才吃到，同樣的薯條，有不同醬料可以搭配，變化非常豐富。大家拿到了薯條以後，就會在附近品嘗，所以整個廣場，在薯條攤車的附近，除了排隊的人，還有在當場吃的人，周遭因此變得熱鬧滾滾，一大堆人聚在一起，一邊休息，一邊品味小食，真是愜意。

3-9

België 比利時購物中心 × 核心區，滿城盡是巧克力！

比利時巧克力，不管是品牌、產業，還是市場都非常的驚人，從首都布魯塞爾的核心區來看，整排購物中心都是巧克力店。

歐洲美味巧克力，別忘比利時！

提到歐洲的巧克力，不知道大家會先想到哪一個國家呢？我常常開玩笑說：「應該不會是德國吧！」進一步講，提到什麼商品，會想到什麼國家？其實這個與國家定位有關，以及跟這個國家比較重要的品牌有關。因此，說到了巧克力，大家可能會想到瑞士。

對台灣消費者來講，瑞士巧克力應該是滿高檔的，如果巧克力要有一點變化，大家可能就會聯想到法國，假使帶了一盒法國的巧克力回來，也是件不錯的事！

但是比利時的巧克力，不管是品牌、產業，還是市場都非常驚人，從首都布魯塞爾的核心區來看，整排購物中心裡面，有非常多間巧克力店，包括 Häagen-Dazs 也在裡面設點，以賣巧克力冰淇淋為主。我們可以發現，購物中心居然把巧克力店當作主力，換言之，不管是觀光客也好、當地的消費者也好，對於巧克力的採購是非常大宗。

瑞士蓮巧克力，竟登上 3000 公尺高峰？

既然談到巧克力，大家首先想到了瑞士，我們就來看一下在瑞士少女峰，3000 多公尺的高峰上，竟然也有瑞士蓮巧克力的形象旗艦店。

這裡有著品牌故事、互動影音等，就像是一座小小博物館。販賣瑞士蓮巧克力的銷售模式當中，有一種採用秤重，如同我們的年貨大街一樣，現場有非常多種的巧克力，可以自由選購，消費者可以同時吃到非常多種口味，讓人大感滿足。

3-10

Lëtzebuerg 住宅一景 × 宛如居家園藝布置店的住家

當你看到人們使用最多的物品，勢必就有它的消費市場！

生活良品，宛如園藝店的家

盧森堡是一個很小的國家，通常大家在旅遊的時候，都把荷、比、盧放在一起，所以台灣觀光客都會經過盧森堡，只是很少停留或是深入瞭解它。

我也不例外，並沒有特別在這個國家待很久，但是我用這一篇來描述觀察到的盧森堡，到底是什麼樣的一個消費行為與模式？確實值得介紹給大家。

在這樣一座城市裡頭隨意遊逛，隨手拍了 10 幾家的門口，看起來以為是園藝店或是居家用品店，其實皆不然，這只是一般居民的家門口。每一個家門口都是這樣子的擺設，非常雅致好看，裝飾物有木質、鐵器、陶瓷、花卉、雕像等。但是拍這些景色，到底跟商店有什麼關係呢？

當家家戶戶都這麼陳列的時候，勢必就有一個店會賣這些東西吧！所以當你看

到人們使用最多的物品，勢必就有它的消費市場，如同我們看到很多歐洲的家，櫥窗擺放很多盆栽，所以一定有花卉市場，這是相對且互相影響的地方。

因此，從這 10 幾戶人家的門口可以看得出來，這些布置並非固定不變，很多東西因為季節或居住者的喜好，可以進行一些調整，變成是家門口的迎賓好物。

我相信盧森堡在這類商品，一定有園藝或是居家布置的店家進行銷售。另一方面，也可以評估得到，當地氣候非常溫和，如果是一個比較潮濕多雨的地方，通常門口不太會有這麼美麗的布置啊。

3-11

Oberweis 甜點店 ╳ 蛋糕界的精品店！

這次發現這家店很像精品店，實際上是一家甜點屋，果然這裡就是當地的精品街！

走進精品街，嘗一口精品甜點

盧森堡雖然是一個小國，卻融合附近周遭國家的文化，這家店讓我覺得非常奇特的是，看起來不太像一個甜品店，反而像是一家精品店，整棟 3 層樓的店面，整體氣勢和外觀儼然就是歐洲精品店，令人想不到的是，裡頭賣的卻是精品模樣的蛋糕和冰淇淋。

為何要介紹這家有名的店呢？因為盧森堡的國土面積不大，商業中心其實也很小、很聚焦，在這次遊逛的過程中，發現了這家店很像精品店，實際上是一家甜點屋，果然這裡就是當地的精品街，旁邊都是一線的精品大店。

甜點價位跟精品比起來，畢竟仍是較為親民，所以店內的人氣滿旺，很多人會在裡面消費，吃著很特別的甜品。它的一樓主要是賣禮盒，當我走進入店內的時候，因為要在店內食用，所以直接就被電梯帶到了 2 樓，這才發現原來 1 樓完全以禮盒與外帶為主，呈現出精品店的風格布置。

直到上了 2 樓，才感覺像是甜點店，有座位區可以坐下來，好好享用甜點，裝潢風格也截然不同，算是一家滿特別的甜點店。

3-12

Famille Mary 法國瑪莉家族蜂蜜專賣店 × 想要什麼蜂蜜，這裡通通有！

從蜂蜜開始延伸，不僅有蜂蜜、花粉，也有吃的保健品，甚至是一系列的保養品，從乳液、面霜、護手霜等……。

各種蜂蜜，淋漓盡致的展現

談到專賣店，前面已經介紹過很多，可以把「專賣」兩個字放上來，深度跟廣度一定要夠，史特拉斯堡這家瑪麗家族的蜂蜜專賣店，可以當作一個很好的例子。因為從蜂蜜開始延伸，不僅有蜂蜜、花粉，也有吃的保健品，甚至是一系列的保養品，從乳液、面霜、護手霜等，所有商品都跟蜂蜜有關，等於把這個主題發揮到淋漓盡致。

現場有試吃，也有體驗，當然也有禮盒，可以讓消費者帶回去送禮，這樣一間專賣店讓人感到豐富多姿。

既然提到保健，就必須要把蜂蜜的來源、成分等，做一些數據和解釋，才能彰顯出實際效果。因此，店面裝潢出有點生技商品的味道，而不是只讓消費者覺得蜂蜜香甜、可愛，還有著專業形象。

我覺得這個專賣店值得好好觀察，這個品牌在台灣百貨公司也有銷售據點，只是整體呈現偏向於單品，而不像這家店有著這麼完整的系列。

3-13

Strasbourg 史特拉斯堡 ╳ 歐洲最原汁原味的聖誕市集

史特拉斯堡就是耶誕飾品的批發集散地，歐洲鄰近國家將此當作核心據點，讓這裡瀰漫著濃濃的耶誕氣氛。

德法之交，形成特殊地景

法國的史特拉斯堡是一個不算太大的城市，對於真正去法國旅遊來講，其實不太會到這個地方。若是以觀光團的走法，大部分不是以巴黎為核心，就是以南法尼斯附近、地中海為主軸，但史特拉斯堡位在法國東邊，非常接近德國，所以大多旅行團的規劃上，會把它跟德國行放在一起，儘管它是在法國。

我們從德國開車到史特拉斯堡的時候，兩地之間就隔了一座小橋。為什麼台灣消費者會認識史特拉斯堡呢？大概是在幾年前，法國在台協會跟台北 101 大樓一起合辦了「歐洲原汁原味的聖誕市集」，就在 101 前面的廣場，特別提到史特拉斯堡的耶誕氛圍，都是用小木屋作為布置核心，所以才讓大家注意到這個小小的城市。

歐洲原汁原味的聖誕市集

史特拉斯堡的聖誕節對於當地來講，是一個非常重要的節慶，整個籌備期可以超過半年，換句話說，從暑假就開始了。

我當時在 11 月底、12 月初來到史特拉斯堡，可說看到了市集的前奏曲，已經開始有一些布置，從照片裡可以看到每一家店，都會進行特別裝飾，不管是帽子店、茶品店、保養品、護膚店，店家把自家商品放在牆壁上作為裝飾，營造出繽紛溫馨的城市氛圍，同時透過這個市集展示並販賣所有的裝飾品。

史特拉斯堡就是耶誕飾品的批發集散地，歐洲鄰近國家將此當作核心據點，來到此地購買一些耶誕飾品，使得史特拉斯堡瀰漫著濃濃的耶誕氣氛。

如同照片中這棵超級高的聖誕樹，是在當年 11 月 27 日點燈開市，因為史特拉斯堡的聖誕節非常著名，所以當年法國在台協會才以史特拉斯堡當作宣傳點，而不是巴黎，也不是尼斯，傳統歐式的聖誕氛圍，盡在此地充分展現。

德國篇 Chapter 4

嗯，意猶未盡的旅程

一個有深度、有文化、有內容的國家，讓人值得一去再去，更何況德國零售業尚有非常多值得發掘的寶藏。

HOTEL EUROPA
HOTEL
ONLY
D
engbers

4-1

國際知名連鎖店 ╳ 找到關鍵，原來眉角就底家！

投資開店都是成本，
成為一家連鎖企業的幕後策略，可不容小看！

認識國際知名連鎖店，好處多多

接下來，要來說明一下，認識一些知名連鎖店，到底有什麼好處？這可是我實際在歐洲走南闖北的寶貴經驗。

◆ **第一個好處：知道陌生地方的生活機能**

以德國為例，若是搭乘交通工具或開著自駕車，來到一些小城小鎮，光看地圖不一定可以知道這個地方的生活機能如何。最簡單的作法，就是打開 Google 地圖，看看這裡有沒有 dm。

dm 是德國最大藥妝生活用品通路（勉強類比像是屈臣氏），所以，當我不知道四周環境，先找到它再說。我曾在德國和波蘭交界的一個小城，靠著找到它，而辨識出區位。

◆ **第二個好處：馬上知道城市核心所在**

曾經在一個中型城市，想要找商業區，深入走訪並尋找用餐的場所。透過地圖查找，只能看到一個區塊，但究竟哪裡是核心呢？加上旅程的時間有限，不太可能真的全走過一遍。

此時，我便說：「查一下 H&M 在哪裡？」我先生則說：「怎麼又去這家？」我答：「因為 H&M 在的地方，就是核心商業區。」果不其然，當我們走到那裡，左看右看，真的就是！延伸這個概念，當然有時候搜尋星巴克或麥當勞也有用，但不同產業的商圈大小可能就大不相同。

◆第三個好處：知道城市人口多寡

曾有報告指出，500 人就可養活一家超商，大概是台灣高人口密度的推論。但是有什麼樣的店，會和人口數有著密切關係呢？以前我在居家生活用品店工作，深刻體會到，人口 10 萬以上才可達到一家店的效益。

其中有間居家用品店，我一看到就可判斷（猜測）這個城市至少有 5 萬人以上。所以，不同的店家，背後包含著很多不同的資訊。由此可見，投資開店都是成本，成為一家連鎖企業的幕後策略，可不容小看。

4-2

Outletcity Metzingen 麥琴根購物村 × 原來，眞的是個城！

店裡頭都是零碼和過季品，但是整體陳列卻像是新品，非常難得。

街道兩側商店，組成的遊逛街道

想不到這個 Outletcity 真的是個城，曾去過其他大小過季中心，這邊其實比較像各品牌的旗艦店，不只比大、比壯觀，還比品牌氣勢，真是令人大開眼界。

當我走進了店裡頭，確實都是零碼和過季品，但是整體陳列卻像是新品，非常難得。

之前介紹過很多購物中心，也不只一次提到購物中心由街道組成，把一條街道加上頂蓋，就是「Mall」這個英文字的原始意義。所以，購物中心可以說是經過規劃和管理的遊逛街道。不管是 Outlet，或是郊區 Mall，雖然型態各異，但是由街道兩側商店所組成，其實都是相同的概念。

德國的這個 Outlet，一開始從地圖上看到名稱，就令人覺得相當特別，居然用 City 來稱呼？暢貨的過季商品，可以開到

變成一座城市？那會是什麼樣子呢？

暢貨過季商品，開成一座城市

當我抵達的時候，其實已經是下午，天色有些不好，加上冬季天空黑得早，所以眼前的景觀看起來比較陰暗。不過，仍然無減整體 City 感受。

一些大家耳熟能詳的國際品牌，在這裡可不是只開「一間店」，而是直接「一棟樓」呢！走在其中，彷彿這個城市就是一座超級大的 Mall。由於時間很有限，沒有機會走訪每一個品牌。

以 Nike 為例，簡直就像是一個旗艦店概念，跟一般 Outlet 相較，零碼和過季通常不會規劃得那麼清楚，但這裡截然不同，不僅區分為男性、女性及兒童區塊，也有不同系列商品介紹，可惜內部不能拍照。

商圈內的每棟品牌建築，大多走時尚簡約風格，沒有太多外觀或顏色的強烈呈現，以 Logo 為王，呈現出大器俐落的感覺，沒有太多外觀或顏色的強烈呈現，反而清楚展現品牌概念店。

有些商品線或是品牌力不是那麼大的品牌，也會集合在一些商品樓裡面，仍是走簡約風格，只有打出 Logo，把整體 Outletcity 的時尚簡約風格，塑造得相當成功。

4-3

德國東部新美食街 × 吃飯，也要講求時尚！

這間購物中心準備了非常好坐的沙發組，而且還有單椅，乍看之下真有點像家中客廳呢！

翻轉你對美食街的裝潢定義

你沒看錯，美食街也能有嶄新設計！一家德國東部小城的購物中心，有著獨特裝潢美感的新美食街。

這裡的工業風設計感很搶眼，座位區有很多變化，加上小小兒童遊戲設施的規劃，讓整個空間變得好時尚。以前在購物中心工作時，美食街的座位，都是以「方便清潔」為最高指導原則。如今，則要朝向餐廳化、主題化，才能夠吸引消費者了。

我的上一本作品《德國市場遊 歐陸零售筆記》，曾介紹德國柏林購物中心，裡頭提供真皮沙發組讓消費者休憩。

這間德國東部小城的購物中心，同樣準備了非常好坐的沙發組，而且還有單椅，乍看之下真有點像家中客廳呢！老人和孩子們都可以好好休息一下，再繼續逛街。

購物中心也有美容院

另外，你可能沒有想到，購物中心也可以做頭髮？其實很多歐美國家的購物中心，都設有美容院，同時銷售髮品，而且男女有別，男生修容請往左，女生美髮則往右，洗加剪的價位落在 25 至 30 歐元，價格可不便宜啊！平日中午看起來生意不錯，還有人在候位，同時銷售髮品。在這個「人工奇貴」的地方，這樣的價錢尚且合理。

除此之外，這裡還有乾洗店、藥局、相片沖印等。由於德國很少「路邊店」，購物中心就成了居民生活消費的核心。

4-4

Edeka 超市 × 讓人想一直打、一直來的地方！

這家超市有著電信公司的名字，唸起來就是台語的「一直打」（電話）！

質樸溫潤，像家一樣

總該輪到介紹 Edeka 超市了。

我曾開玩笑地說：「這是電信公司的名字，唸起來就是台語的『一直打』（電話）！」我覺得這裡有點像頂好的感覺，用略微豐富的貨架，以及如木頭溫暖的質感，使得陳列起來充滿溫度。因此，在定價上並非走廉價路線，而以產品選擇眾多取勝。

另外，最近台灣零售業的大消息，就是法商家樂福買下頂好及 Jason 超市，在超市業態上和全聯正面迎戰，像德國有這麼多不同特色的超市，真可以好好參考一下。

Zewa
stark

4-5

Søstrene Grene 歐洲品牌店 ╳ 高貴不貴的文青丹麥風

平價、低調、中性色彩與圖騰，營造出整間店的主調性。

這是近期在日本東京開了亞洲第一店，引起生活雜貨控注意的歐洲品牌Søstrene Grene，源自丹麥。

照片中的這家購物中心，靠近柏林，走進這間新的生活雜貨店，非常引人注目，採用平價、低調、中性色彩與圖騰，營造出主調性，舖陳了高貴不貴的獨特氛圍。

這裡的動線像是以前介紹過的 TIGER 一樣，一進入大門，就要一直順著走，直到最後才是出口。

Sweet

4-6

BONITA 服裝店 × 品牌實力，無法撼動的優雅！

店內正在舉辦活動，熱鬧、有趣、互動強，展現出親民的平常氛圍。

親民的氛圍，十足的在地

這是德國已有56年歷史的女裝品牌，相當優雅的設計，在快時尚當道的時代，也無法動搖它的營運。

這次在波茨坦的購物中心，看到店內正在舉辦活動，應該是熟客回饋日吧？現場準備了水和果汁，簡單的座椅，來了 10 幾位客人。

重頭戲來了，服裝秀表演的主持人是店長，其中的 2 位模特兒正是店員，模樣同一般路人，以熟齡之姿走台步，熱鬧、有趣、互動強，展現出親民的平常氛圍，剛好符合該店的客群。

衣服真的是穿了才知道，這樣一個大家都開心的活動，也難怪不受快時尚品牌的影響。

BONITA
Sale

4-7

TK Maxx 連鎖店 × 貨架思維的另一種展現！

這裡的貨架依尺寸區分，而不是依商品，也就是說，把38號各種款式全部集中一處。

相同尺寸，往同一區集中管理

這間是德國的平價服飾大店，在地區購物中心放在頭櫃，佔兩層樓。特別的是，這裡的購物提籃挺有意思，採落地式設計，加裝輪子，比起推車更為輕巧靈活。

既然是走平價路線，就發現貨架比起快時尚更亂一些。因為依尺寸區分，而不是依商品，也就是把 38 號各種款式全部集中一處，而不是將一件衣服的 32/34/36/38/40 擺放在一起，如此一來，顏色與式樣亂成一團，自然整齊不了。

我們再看一下連鎖百貨公司的女裝樓層，新品會從小尺碼排到大尺碼，同樣花版具有不同的顏色，排列上顯得整齊許多；若是打折的衣服，就會按尺寸把不同衣服混在一起了。因此，前來尋寶的消費者，只需要看符合自己尺寸的那部分即可，就不用再麻煩營業員了。

T·K·maxx
%
38

4-8

Mercedes-Benz Museum 企業工廠 × 盡顯不凡，品牌更高級的展現

現場就像變形金剛一樣，到處都是巨大的機械手臂，真是令人嘆為觀止！

賓士工廠，秘密製程大公開

如果說企業博物館是品牌形象的體現，那麼企業工廠就是更高級的品牌呈現吧！

今天來到賓士的工廠，他們接待來自全球各地的消費者，一車車遊覽車，專職的導覽，額外贈送一件安全衣。整個製作過程大公開，完全展現在眼前，現場就像變形金剛一樣，到處都是巨大的機械手臂，真是令人嘆為觀止，可惜不能拍照。

從這裡可以加以思考，品牌精神該怎麼體現？企業博物館應該是一個好方式。記得曾在德國汽車工業城斯圖加特，參觀過保時捷博物館，不管從歷史、沿革、賽車運動，一路到車款車型、內部構造，加上互動體驗，讓不同參觀者都可以從中得到樂趣，進而體會品牌的非凡之處。

4-9

HOBBY WELT 手工藝品嗜好店 ╳ 「藝」猶未盡，令人愛不釋手的手作控樂園

進店之前，可能會感到相當納悶，大家的嗜好應該都不太一樣，怎麼可能放在同一個店裡呢？

不冷門，又不奇怪的手作專門店

我們常覺得歐洲人有很多休閒娛樂的嗜好，我想，那也要有專業的服務，才使得嗜好容易延續下去吧？眼前這間店，像是超市一般，從縫紉、編織、手作、繪畫等，應有盡有。

這間在德國購物中心佔地面積不小的店，姑且稱之為「嗜好店」吧！進店之前，可能會感到相當納悶，大家的嗜好應該都不太一樣，怎麼可能放在同一個店裡呢？其實，就要來思考一下，為何人人都應該有嗜好？什麼樣的商品組合，又可以變成一家店呢？既然要存在於購物中心裡面，一來要維持運營，二來這樣的嗜好肯定不能太冷門，而且組合在一起也不會太奇怪。仔細思考下來，就會發現範圍大概就是手工藝囉！

DIY 手作，歐美蔚為流行風潮

談到手工藝，心裡可能想說，不就像國中時候的家政課？打打毛衣、用勾針織圍巾？應該是最基本的吧！

自己動手做 DIY，在歐美國家來說，已經蔚為流行風潮，也是幾乎人人都會認真思考的嗜好之一。所以進到店內仔細看看，就會發現商品的範圍跟種類，真是使人大吃一驚呢！

前面提到的勾針和棒針編織，所需要的商品，包括勾針、棒針本身，已經有非常多種選擇，毛線也分成粗細及材質，加上價位高低，輔以教學書籍，或是半成品和材料包（特定小商品準備好的材料，一次做完一樣），以及可以隨季節變換顏色和毛線種類，可謂琳琅滿目，目不暇給。

除了縫衣機之外，包括針線、布疋、扣子、拉線等配料，也是豐富得很，加上刺繡的工具，就更為精彩。

其中，還有很多繪畫的小工具，從素描到油畫，加上紙張和畫框，應有盡有。此外，也有模型組裝，到小金工的飾品加工，可以說令人嘆為觀止。這樣一間大型嗜好店，總該可以找到令自己也感興趣的嗜好吧？現在就開始多方嘗試吧！

4-10

巴登巴登的農產中心 × 農產品原來可以這樣賣！

原木貨架和自然風格的裝潢，把農產品的質感向上提升，就連賣個雞蛋，好像都變得有故事起來。

鄉村風格的建築外觀，引人造訪

鄉村的旅遊景點，經常會看到農產品的銷售中心，以台灣為例，很多是以農會為主的據點。基本上，都能夠維持基本的整齊清潔，但是要能呈現出設計或是美感，當然還是比較少見。坦白說，有時沿路的吃吃喝喝，倒能增加旅遊的小確幸，專程跑進農產中心，反而少了跟小農接觸的感受。

這次來到德國度假勝地——巴登巴登，附近一家農產品展售點，因為門口的大型停車場和饒富鄉村風格的建築外觀，讓人值得特地走訪一下。

從大門堆疊量體陳列的當季農產品來看，吸引消費者感受現在盛產的商品。賣場裡面有蔬菜、水果外，簡單的農產加工食品，也經過特別的規劃和設計，希望創造更多的購物慾望。

田園景緻，讓人自然帶走農產品

原木貨架和自然風格的裝潢，把農產品的質感向上提升，就連賣個雞蛋，好像都變得有故事起來。奇怪的是，這樣看起來似乎就是一家超市的模式，卻因為一些細緻的做法，使得這份貼近農產品的感覺，沒有一絲一毫的消失。

舉例來說，門口的當令產品，採以比較質樸的銷售標示，銷售人員穿著具有農村風格的服裝，都是著實加分的點。同樣販賣農產品，又要具有規模，還要能夠接地氣，這家展售中心，做了很好的示範。

雖然我的角色是遊客，因為料理不便，無法真正買顆南瓜和菠菜，更不會購買大蒜和洋蔥，可是買上幾塊手工蛋糕，順便帶了蜂蜜和果醬，享受這番田園景緻，也是很棒的購物體驗啊！

好物選

附錄一

好物開箱 & 歐陸旅行小事

零售業是一整座森林，店家如樹木，商品則是樹葉。旅程的終站，我們也來掃掃落葉。

【附錄一】

德國好好買，我自己也會買！——德國 16 選．好物開箱

零售業是一整座森林，店家如樹木，商品則是樹葉。旅程的終站，我們也來掃掃落葉。

見樹見林的旅程，也來掃掃落葉吧！

這本書本來不打算介紹商品，所以一開始並沒有規劃「德國好物選」，誠如前一本作品提到，零售業是一整座森林，我認為一定要從整座森林進行全面的觀察，才能知道整體的生態和景氣。

每一家店如同樹木，商品則是樹葉，得瞭解樹木（店家）的特質和外貌，而不要像一般觀光客一樣，只重視樹葉（商品），就好像跟著旅行團到處踩點，踏著別人的腳步，買回一大堆伴手禮，我稱之為「到景點掃落葉」，總覺得有那麼一點點可惜。因此，建議大家在旅遊的過程中，就算是 shopping，也要記得看看樹木和森林，而不要只是撿樹葉。

回過頭來講，既然德國的零售業這麼精彩，也是因為有許多「好物」所累積出來。

這裡的重點不在於是否為「必買」，而是覺得不管在設計、切入點、價位上，以及對於消費者的喜好度來講，還算是值得推薦，才有這樣一篇小小的附錄，提供給台灣讀者或零售業者的產品參考。

附帶一提，德國旅遊時的必買項目，排在前兩名的肯定有「發泡錠」和「小熊軟糖」，原因就是輕便、便宜、好分送。很多人造訪時，都會買上一大堆，不僅自用，更適合在辦公室或是家族間分送給所有人，這裡就省略跳過了。

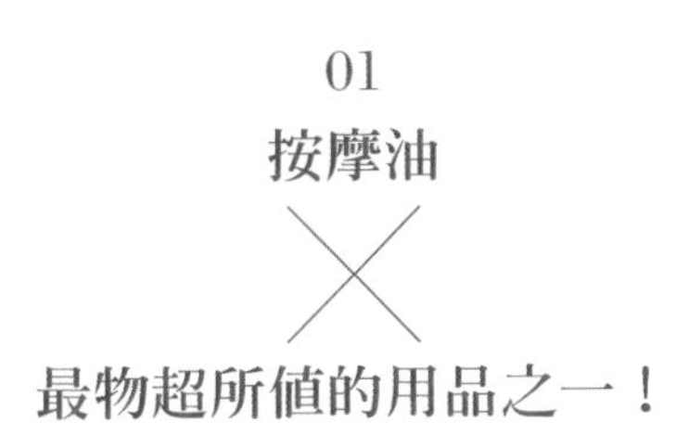

01 按摩油

最物超所值的用品之一！

如果問我，德國物超所值的商品是什麼？第一個答案可能就是按摩油。

因為有按摩的習慣，不管是自己來或是找按摩師傅，以往也買過很多種類的按摩油，用過很多美容沙龍不同品牌，或是按摩師父準備的便宜基底油。所謂按摩油，就是指調配了精油的基底油，可以直接接觸皮膚，按摩，並吸收。

直到我買到德國按摩油，發現不僅質量好、吸收快，手感和味道都很棒。不只一位按摩師父說：「妳帶來的這個油不錯用，很好推！」或是「味道很自然」、「不刺激」等等，接著就會追加這麼一句：「一定很貴吧！」

重點來了，德國按摩油的優點這麼多，居然還相當便宜。在一般藥妝超市，像是 dm、ROSSMANN 都有在賣，平均不到 10 歐元，有的甚至更低，只能說值得！

• • •

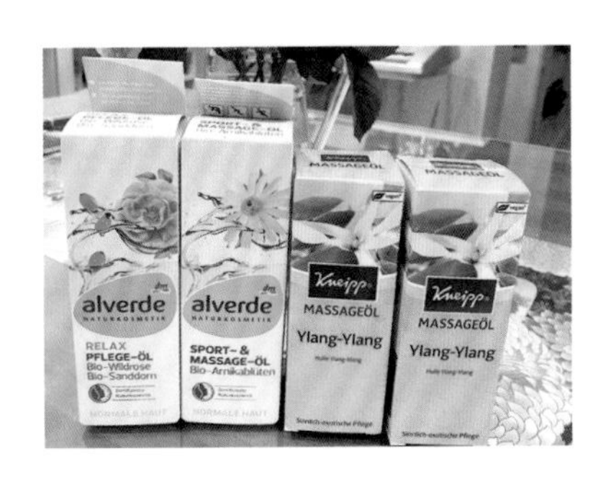

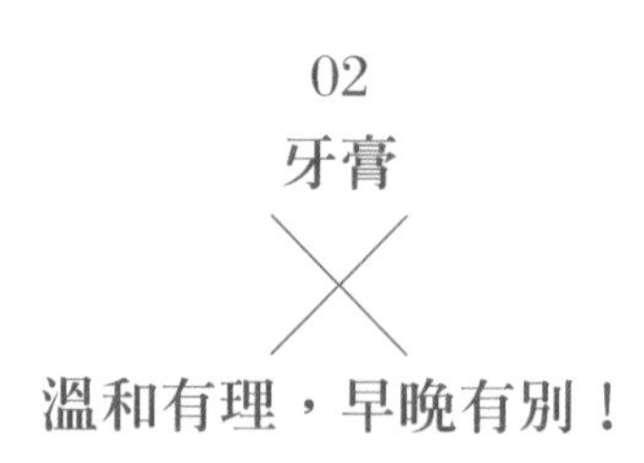

02

牙膏

溫和有理，早晚有別！

德國日用品非常值得深入了解，因此，要跟大家分享一個每天都會用到，但是很難以想像，居然會出現在「德國好物名單」中的商品，那就是牙膏。

德國好用的牙膏有很多種類，記得曾經有個朋友拍了照，打算讓我幫忙按圖索驥，後來雖然沒找到一樣的，但帶回去類似的品項，據說也不錯。那是有機草本類的牙膏。

另一種有機植物性的牙膏，看得出來成分非常天然，是在有機超市買到的。沒有習慣上相當刺激的清涼，相對來說，對於口腔也就溫和多了。除了有機超市外，一般藥妝店也可以找到植物性的牙膏。

還有一種成套銷售，分成白天和晚上用的兩種牙膏，告訴消費者早上和晚上要用不同的牙膏，據說裡面成分有些不同。當早上刷完牙後，進行白天的活動，當然也會進食；到了晚上刷完牙後，就是要睡覺了，所以口腔呈現休息狀態，成分理當有所區別，也是一項有趣的商品。

03

牙刷 ✕ 值得裝滿一皮箱的德國日用品

一次和好久不見的老友碰面，知道我剛剛從德國回來，就說：「下次要去德國買牙刷！」

這個老友遊遍世界各地，什麼好東西沒有見過，居然要買德國牙刷？

他說，去年有一次順手在德國買的牙刷，竟然非常好用，還給我看自己拍的照片。我一看，真覺得啞然失笑，這是德國非常着名的口腔用品品牌，大家必買的是牙膏啊！

德國的特殊之處，在於日用品真是超級好用，這些好用的產品，也都非常平價，且容易在藥妝通路或超市就買得到。

常看到台灣海關抓到有人買好多名牌，一個皮箱內的物品，就價值好幾百萬。如果是德國的日用品名牌，哈哈！大概只要 2% 到 5% 的價錢，就可以裝滿一皮箱了。

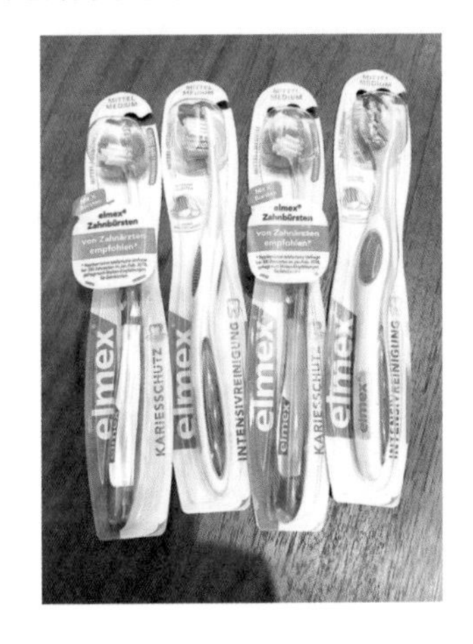

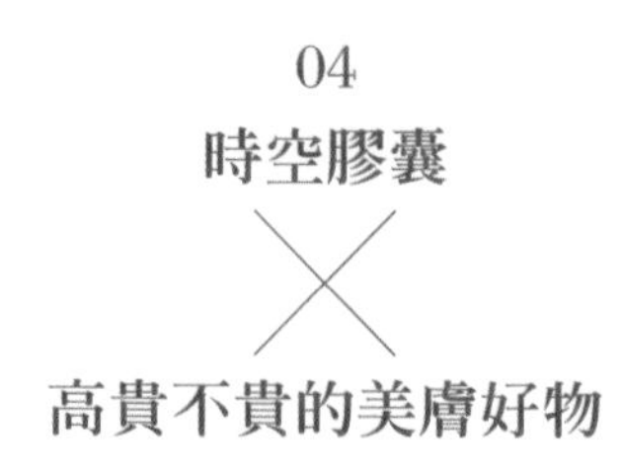

04 時空膠囊 × 高貴不貴的美膚好物

有朋友指名要分享這個好物，就來說說時空膠囊吧！

看起來相當高級的商品，卻在 dm 藥妝通路賣得很平價，大概只有 1 歐元就可以買到。

使用時，把膠囊從鋁箔紙中取出，把上方小型的突出物扭下來，然後將內部的精華液擠出在手心，均勻塗抹在洗淨的臉部即可，看起來小小的，塗抹全臉絕對夠用。手感綿密柔順，非常好用，絕對物超所值。

很多人在特殊的重要場合前，都會好幾天密集地敷面膜，為求臉部容易上妝，或是保持最佳狀態，其實這個用法也有些類似，我都是在旅行時使用，既方便又輕巧。其中還有很多不同效能的系列商品，照片中的屬於保濕功效。

這項商品穩坐德國必買商品的前 10 名，最近在台灣的屈臣氏，居然看得到熟悉的它，目前已有代理商引進台灣了。可惜只看到一種 Q_{10} 功效，尚沒得選擇，售價為 119 元，上面還標示僅供外用，不可內服。是不是有點搞笑的意味呢？

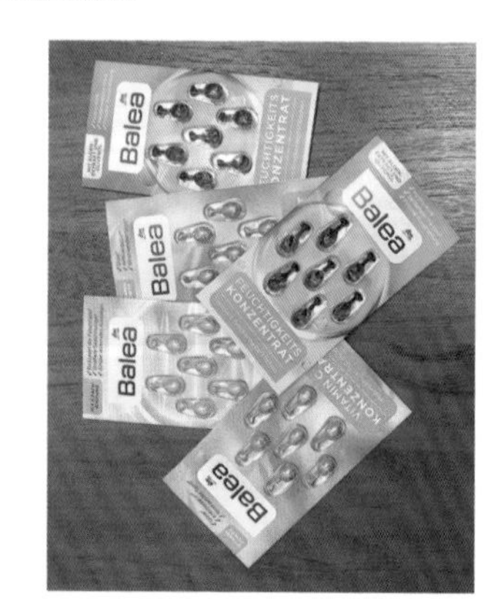

05
百靈油

掃貨絕不手軟的時刻

寒流持續發威的時候，就是百靈油的出場時機。

好多人到德國像掃貨一樣的狂買，仔細觀察之下，發現當地人好像不是很愛買？而且看一下名稱，怎麼是「CHINA OIL」？不是德國油？哈哈，原來是以前德國人到中國學回來的配方，加上當地盛產的辣薄荷，竟變成一種居家保健的良方。

至於德國當地人，知道或是使用的當然有，可是因為這樣的商品用量很小或是很慢，不太可能看到當地人一次大量購買，相對就覺得觀光客買起來絕不手軟。在德國當地購買，就會發現與台灣價差可能有 3 到 4 倍，難怪值得大掃貨！

但是這個要怎麼用呢？有朋友拿來每天按摩膝蓋，有人拿來泡澡，有人滴在口罩裡消除異味，有人用來舒緩胸悶，也有人拿來滴在熱水中飲下，預防感冒。以上，都是直接聽過朋友的使用心得。

我自己則是拿來刮痧，預防中暑。悶熱的時候，用照片中可隨身攜帶的嗅聞瓶，可以提神醒腦一下。你呢？用過了嗎？台灣連小七都有賣喔！

06 花草茶 × 喝茶賞心兼養生的必備良品

又濕又冷的週日早晨，能做什麼呢？答案是來杯德國花草茶吧！

這個牌子的花草茶，其實也可以說是藥草茶。因為有好幾種都可以拿來治咳嗽，預防感冒什麼的。對德國人而言，應該是必備的家用品。

在德國必買的很多網頁上，有的逐一介紹功能，因為光是跟感冒相關，對應著不同的茶品，就細分為喉嚨癢、喉嚨乾、久咳、舒緩等不同，此外，還有安眠、鎮定，連消除緊張焦慮的都有。我是覺得，有病治病，沒病強身，通常不太挑，隨手買一些回家都好用。

藥草自有一股清香，不像一般花草茶或花果茶，品嘗起來有酸甜的特性，非常特別。

這個品牌的茶，當然也是德國必買商品，又輕又便宜，值得掃貨。嗯！可見得德國的好東西真的很多呀！

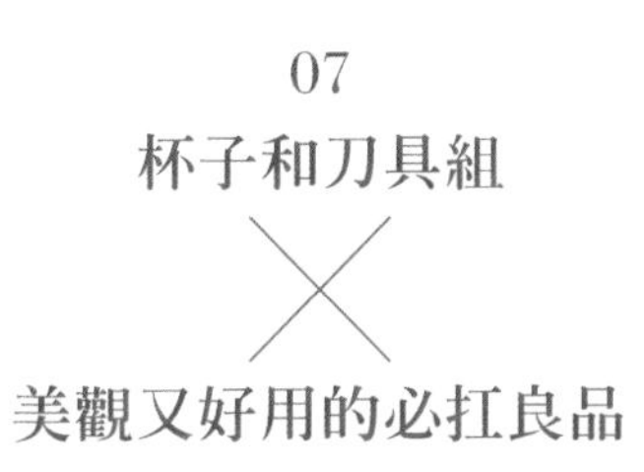

07 杯子和刀具組 × 美觀又好用的必扛良品

如果要選一個從德國扛回來，最瘋狂的商品，這 2 件杯組可能要排第一。

因為之前有擠破杯子的經驗，更不想冒險攜帶這麼脆弱的商品，可是 WMF 是德國百年工藝的廚房用具品牌，大特價耶！一組不到 10 歐元。呃，還是用手提著，好好帶回家吧！欣賞一下外觀，是不是很美呢？

此外，年假期間，朋友來家中，一眼在廚房看到這個刀具組。哇！這也是扛回來的嗎？上面不是說，2 件玻璃杯組已是最瘋狂的舉動？這組刀具也挺誇張吧？據說，在台灣買起來大概是 1 萬 5 千元，在德國只有一半價。因此，當然要扛！（其實還是被同行朋友鼓勵，我真的不是掃貨型）

這是德國 DE 有名廚房用具的品牌，之前全聯超市集點換購它家的鍋子，果然創下驚人記錄。

自己雖然廚藝不精，對於好用的工具，當然還是有感覺的，這組刀具確實好用得很啊！

08 筆型口紅 × 一畫就停不下手的彩妝好物

這裡分享一個美美的德國小物——筆型口紅。

我在 dm 藥妝連鎖超市看到時，本來想買一支試試，最後竟然一支接一支放進購物籃啦！果然便宜又好用，似乎是女人的必需品，在開架化妝品已經大行其道的現在，一支這樣的口紅，也許並不特別。

但是喜歡上妝的朋友一定知道，雖然彩妝類不像保養品類有固定使用的品牌，但在選擇上可以多元一些，只要隨手看到漂亮顏色，多買個 1、2 支也是常有的事情。這也是為何開價化妝品的彩妝越來越多的因素之一，特別是口紅，就像是入門款，沒有試過的品牌，很多時候可以抱持試試看的心情入手。

然而，很多廉價口紅也不能亂用，特別是夜市和地攤之類，無法知道產品原料和來源，這樣的口紅容易在唇上色素沉積，用久了當然不好。我想，德國商品的品質使人放心，整體造型也夠簡潔。這支口紅大多是不到 5 歐元的平價商品，分成潤澤亮色及無亮色兩系列。

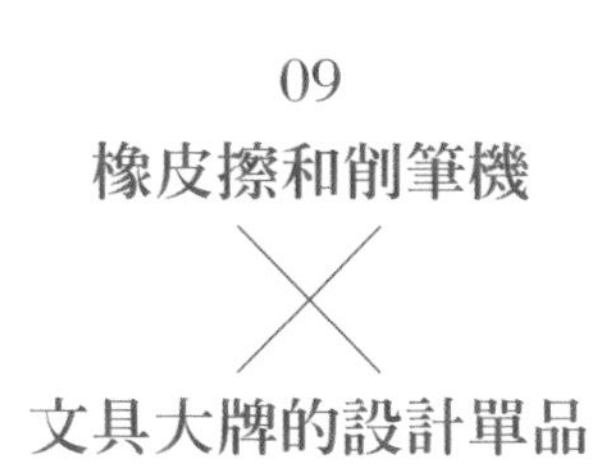

09
橡皮擦和削筆機 × 文具大牌的設計單品

橡皮擦可以旋轉後收起，就算用到很小，也不會找不到。

削筆機可合起來收納，又可放粗細 2 種筆，還可收納削下的屑屑，真的是設計感超強的好物。重點是這可是德國文具大品牌 Fabre Castell 的商品喔！

10
時尚感的鋼筆 × 精美不敗，練字當潮

終於輪到近 2 年的新歡，時尚感的鋼筆。紅色是在台灣買的，後來在德國驚喜地發現，而且價差還不小，於是又買了 1 枝。其實我已經有 3 枝鋼筆，是有些奢侈了。現在用筆的機會越來越少，就拿來練字吧，可惜練得不好，不好意思拍來傷眼，只好看看德國精美好商品 LAMY 就好。

11 花粉 × 低調高品質的有機品牌

德國的有機食品，一直以來都頗具口碑，但是就像德國其他商品一樣，大多相當低調。很多食品在台灣或有販售，但是跟其他大規模進口的美日食品相較，指名度和知名度都有差別。

這個德國花粉，這幾年來我買過很多次，除了自用外，還分送給長輩。食用花粉的時候，大多是放在沖泡的牛奶，或是豆漿，我先生喜歡舀一匙直接吃，可能有些人不喜歡直接吃的口感，就可以放進飲品一起喝。

因為品質跟價格都很合理，推薦給其他有機會到德國旅遊的朋友參考，但是這個花粉只在德國有機超市買得到。

•••

12
葉黃素

只有你想不到的，這裡沒有不賣的！

如果有機會到德國的藥妝店，可能會被一個又一個貨架的保健營養食品嚇到，因為種類真的非常繁多，從各種維他命開始，口服到沖泡，應有盡有。各種產品效果，從抗衰老到抗過敏；品項則從蔓越莓到魚甘油，只有你想不到的，這裡沒有不賣的！

由於文字的限制，不同於英語系國家，很多沒見過的商品也可以略知一二，面對眼前滿滿德文，還真的要查一下網路，看看哪個是哪個？

幾次下來，回購最多的就是這個葉黃素，基本上我先生固定在吃。好吧！先承認跟我們的年齡有較大關係，不過也跟現在人使用手機產品時間過長，所以視力老花或是眼睛疲累增多有關吧。這個葉黃素是盒裝膠囊型，兩個牌子都還不錯，價格也差不多，一盒 30 錠吃 1 個月，看下次再度造訪德國的時間，大概就會補充買個幾盒。意思是，如果我們預計 4 個月後再去德國，我們就買 4 盒，這樣比起瓶裝的好記又好帶。

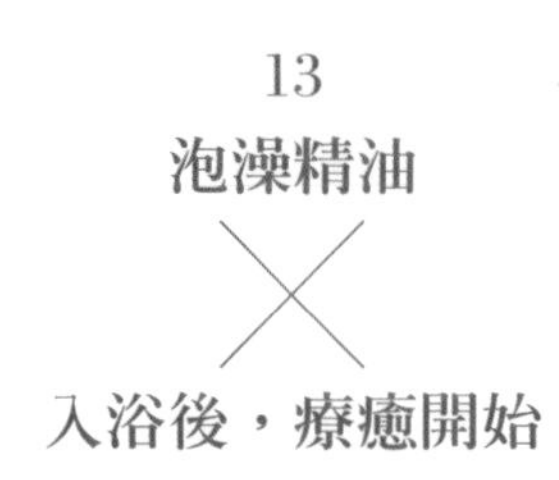

13
泡澡精油 × 入浴後，療癒開始

碰到這樣比較浪漫感覺的商品，我又忍不住要替德國商品說話了，可能覺得泡個澡很浪漫的人，怎麼想大概都想不到選購德國商品。一般人大多覺得法國和義大利比較浪漫，甚至滿滿一家店都是泡澡香氛的 LUSH，還是英國品牌呢！

不過沒關係，因為德國泡澡精油還真是不太浪漫，這裡的重點並不是香味，不在玫瑰還是薰衣草，而是在功效。

因此，可以看到有針對背痛有所幫助、有放鬆助眠，有皮膚滋潤，還有運動後的使用。當然，味道和顏色也會因成分的不同，而有很大差異。但是我覺得都非常自然順暢，沒有化學和人工的違和感。

德國品牌的泡澡精油產品不少，藥妝店也會開發自有品牌，有機會到德國，肯定要好好選購一番。記得要放行李箱，而且要包裝完整，畢竟是玻璃瓶裝為主，液體也無法直接攜帶上飛機喔！

14
護腳霜
╳
別忘了，也要替腳好好保養一番！

有一天，在臉書看到朋友發布快10條不同牌子的護手霜，直說不小心買太多，要當作抽獎分送給其他人。於是，我馬上留言：「原來，你也是護手霜控啊！」

但是啊，除了手部保養之外，德國可是也有好多好用的護腳霜！

我們來看圖識字一下，真的都是專門給腳部使用，甚至還有針對「腳跟」，正是因為冬天容易龜裂，不僅自己穿脫睡褲時會卡住，有時還會刮傷床伴。有的人嚴重時，還會像受傷一樣，痛得直流血呢！在夏天，因為要穿涼鞋，腳跟如果粗糙不堪，不僅不夠美觀，還可能一樣產生龜裂。

護腳霜究竟跟護手霜有什麼不同？難道不能混用嗎？我是覺得當然可以啦！因為就像洗面乳和沐浴乳一樣，也可以說都是洗劑，但是很少有人一瓶到底。實際使用的感覺，護腳霜比起護手霜更油一點，當然腳跟專用的，又會比一般護腳霜更油（不是那種乾脆直接塗凡士林的油，而是滋潤感更重一些）。

15

開架式高效保養品 × 必敗，超好用又超平價！

開架化妝品，早期是以彩妝為主，因為彩妝商品比較沒有所謂品牌忠誠度，或是說保養品比較有肌膚特性等原因，所以消費者習慣在專櫃買保養品，然後彩妝就比較可以接受在開架上面尋找，這次試試看這個牌子的口紅，下次則試試那個牌子的眼影。

隨著大家對於保養品的了解，加上廠商在開架保養品商品和陳列方式的改變，逐漸地，就有很多消費者願意，或是已經養成在開架式的賣場，選購保養品的習慣。

但是仔細分析，就會發現開架式保養品，當然還是以基礎保養為主，例如：洗面乳、化妝水和乳液，頂多加上日晚霜。

一般所謂高效保養品，在開架式的賣場佔的份額比較少，除了因為功效不同，可能要更多專業說明，或是願意在基本功能附加其他功能的消費者相對較少外，當然也是高效保養品價格肯定高一些。

在德國，幾乎沒有自己的專櫃化妝品牌，專櫃的化妝品還是來自法國和美國居多。所以，德國人連高效保養品，在藥妝店貨架上就可以平價購買到，就像保濕、除皺，或是玻尿酸、玫瑰等臉部保養精油，還是只有一句話「超好用」。當然，重點是「超平價」。

16

巧克力

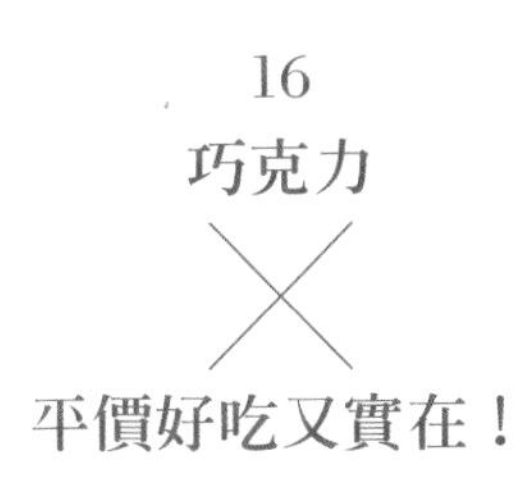

平價好吃又實在！

說到巧克力，很多人出國去玩就會買各種當地巧克力，帶回台灣送人，甚至在各地免稅店，都可以看到寫明各國或各城市地名的巧克力，非常適合拿來當作紀念品。德國呢？似乎不來這套。連法蘭克福機場的免稅店，仍然賣著像是國民品牌的這種方塊巧克力。

這種方塊狀的巧克力，看似平淡無奇，台灣也有一些進口食品超市可以買得到，但是我還是要慎重推薦一下。

它的優點如下：首先相當紮實，沒有過多的包裝，不像有些「觀光巧克力」，包裝一堆，內容量很少，或是填充許多餅乾。它就是以巧克力為主。其次，可以容易分成一小塊一小塊，方便分食，若是不小心自己吃完一個，也不會太困難。

再者，口味種類繁多，還有一些季節或地區限定，例如：草莓夾心，有時會突然發現新口味，讓人充滿驚喜。

最後，還是德國商品一貫的優點，平價。一塊這樣的巧克力，也就落在 1 歐元左右，買一堆來送人，也不會大傷荷包。

當然，預計買回台灣的巧克力商品，一定要注意氣溫，畢竟包裝相當簡單，想要維持巧克力的硬度，夏天可能就要放冰箱，會比較保險一點。

【附錄二】

Before the plane takes off——
關於歐陸旅行該注意的幾件小事

我喜歡觀察人文、經濟狀況，以及當地生活型態，因此就把一些覺得有趣的事情記錄下來，從租車講到上廁所，也有記得帶轉接頭、休息站找資源等旅行小事。

巴登巴登附近一家像農會超市一樣的地方，專賣當地農產品，但這裡看到一個示意牌，寫著：「9 個不可以」，分別是不可以遛狗、不可以坐在草地野餐、不可以玩滑板、不可以放音樂、不可以放狗便溺、不可以摘花、不可以騎自行車、不可以烤肉、不可以踢足球。

基本上德國人相當守規矩，既然立下了規矩，那麼就會被真正的落實啊！

• • •

關於在歐陸 × 旅館這件事……

德國的插頭和台灣不同，轉接頭實在太重要了。我曾經一路走、一路換旅館時，忘記拔下帶走，所以要多備幾個。

另外，德國的旅館不會提供牙刷跟拖鞋，以環保概念出發，一定要自己準備。除了五星級的國際飯店外，歐洲所謂的雙人床是指 2 張單人床、2 床被子，合併在一起。

最後，德國比較乾燥，別忘了身體乳液，忘記帶的話，就買條德國的牌子妮維雅囉！

關於在歐陸 × 自駕車這件事……

經過好多次的租車自駕，第一次租到奧迪汽車，之前都是 BMW 和賓士，特別記錄一下。

在德國租到這樣等級的車，比起台灣當然相對便宜，一週租期，每天台幣 2700 元左右，含全險含稅。順便分享一下，儀表板上也有導航系統，真是先進，也可以在不限速的德國高速公路開到 160 的時速。

• • •

關於在歐陸 ╳ 停車這件事……

在歐陸旅行這樣久，這件事一直不太習慣。在飯店停車場內停車，不僅要另外收費，還非常非常昂貴。

因此，在歐洲自駕遊，租車 OK、油資 OK，只有停車費比較貴，那就算了。但是住在飯店裡，一天停車費，折合台幣就要 1100 元左右，可真是不便宜吧？

以台灣經驗來說，如果消費者今天訂了飯店，理所當然就去附設的停車場停車，並不會另外收費，它是含在房費裡面。可是在歐洲旅行，這件事情一定要提醒大家，基本上所有飯店的停車場都要收費，不管你在市區或郊區，通通都要另外收費，而且非常昂貴，大約一天都在 22 歐元到 30 歐元上下。

其次，停車場並不一定跟飯店連在一起，服務員可能會說：「停在前面哪一個停車場」之類，然後請你走過來，所以就會變成是飯店住客要先把行李放下來，再去停車。曾經遇過最遠的，是停車場遠在 3 條街以外，所以當飯店寫「附停車場」這件事情，跟我們所想的狀況是完全不一樣，可能距離很遠，所以必須預留一些彈性的空間跟時間。

關於在歐陸 ╳ 高速公路休息站這件事……

我曾分享過好些高速公路休息站，覺得歐陸，特別是德國，連休息站都頗具特色。

這次分享德國接近波蘭邊境的一個休息站，布置得很有鄉村風，木雕藝術級的鳥兒，在樹上停歇，加上燈光及座位安排，就是歐式鄉村餐廳的感覺，餐飲也有非速食類的盤餐可點用。抵達休息站內，也就是戶外兒童遊戲區、點餐機，這裡連沙發型座位都一應俱全，讓人得以短暫放鬆休憩。

此外，德國高速公路休息站，幾乎沒有見過麥當勞及肯德基。到了波蘭，來回開了超過 1000 公里，發現就變成這 2 家相爭的天下，不但沿路設看板，提醒還有幾公里外就是某家速食店。

• • •

關於在歐陸 ╳ 洗手間這件事......

德國上洗手間要付費這件事，已經提過了。但是現在要介紹一間超級美麗的付費廁所，就位在萊比錫火車站，整體設計很時尚，門口居然還有零食自動販賣機（奇怪），入口採用匣門方式，旁邊還有無障礙及兒童通道。一個人費用是 1 歐元。

此外，站內許多店家配合的折扣優惠，只要憑投幣使用後的小卡，就可以享受，至少一杯咖啡打個 95 折的特價。

• • •

關於在歐陸 ╳ 郵政這件事……

DHL 是一家美國的國際快遞業者，跨到了德國，其實就是郵局。也就是說，德國郵政是直接和 DHL 合作經營，郵差身穿黃色工作服，正是 DHL 的企業顏色，而且很多都是郵差小姐和郵差阿姨，而不是郵差先生喔！

提到 DHL，其實是德國郵局的子公司，郵局就是與這家國際快遞公司合作經營，帶大家看看德國郵局，我個人認為那個標幟，老覺得像是隻蝸牛，心想送信就和蝸牛一樣慢嗎？然而，這裡其實有很深奧的歷史文化，如同中國古代驛站的「郵號」，圖騰也就是一種吹奏的樂器，表示以前信送到了要通知，送信路上也會吹響，目的是請用路者禮讓，因此沿用而來作為郵局標示，是不是很有學問呢？

郵局內就像台灣一樣，具有儲匯的銀行功能，但寄件服務當然是主體，當時聖誕節已近，擺了不少卡片及禮盒，鼓勵大家寄禮物包裹。

神奇的是也販售禮物卡，各大品牌都有，星巴克的也在其中呢！

• • •

國家圖書館出版品預行編目 (CIP) 資料

零售點睛術 : 美西 2500 公里 x 歐洲 8000 公里的商機科普筆記 /
朱承天作 . -- 第一版 . -- 臺北市 : 博思智庫, 2020.07
面 ; 公分
ISBN 978-986-99018-1-9(平裝)
1. 零售業 2. 產業分析

498.2　　109006477

世界在我家 14

零售點睛術

美西 2500 公里×歐洲 8000 公里的商機科普筆記

作　　者 | 朱承天
攝　　影 | 朱承天
插　　畫 | 陳仁嘉
主　　編 | 吳翔逸
執行編輯 | 陳映羽
資料整理 | 陳瑞玲
美術主任 | 蔡雅芬

發 行 人 | 黃輝煌
社　　長 | 蕭艷秋
財務顧問 | 蕭聰傑
出 版 者 | 博思智庫股份有限公司
地　　址 | 104 台北市中山區松江路 206 號 14 樓之 4
電　　話 | (02) 25623277
傳　　真 | (02) 25632892

總 代 理 | 聯合發行股份有限公司
電　　話 | (02)29178022
傳　　真 | (02)29156275

印　　製 | 永光彩色印刷股份有限公司
定　　價 | 380 元
第一版第一刷 西元 2020 年 07 月

ISBN 978-986-99018-1-9

博思智庫股份有限公司
博思智庫粉絲團　Facebook.com/broadthinktank

國家圖書館出版品預行編目 (CIP) 資料

羅姐談好房：行家引路 x 竅門破解 x 實戰入局
購屋自住私房秘笈 / 朱承天作 . -- 第一版 .--
臺北市：博思智庫股份有限公司，民 110.04
面；公分
ISBN 978-986-99916-3-6(平裝)
1. 不動產業 2. 投資

554.89　　110003310

美好生活 35

羅姐談好房

行家引路╳竅門破解╳實戰入局 購屋自住私房秘笈

作　　者｜朱承天
攝　　影｜朱承天
主　　編｜吳翔逸
執行編輯｜陳映羽
美術設計｜蔡雅芬

發 行 人｜黃輝煌
社　　長｜蕭艷秋
財務顧問｜蕭聰傑
出 版 者｜博思智庫股份有限公司
地　　址｜104 臺北市中山區松江路 206 號 14 樓之 4
電　　話｜(02) 25623277
傳　　真｜(02) 25632892

總 代 理｜聯合發行股份有限公司
電　　話｜(02)29178022
傳　　真｜(02)29156275

印　　製｜永光彩色印刷股份有限公司
定　　價｜350 元
第一版第一刷　2021 年 4 月
ISBN 978-986-99916-3-6

博思智庫股份有限公司
博思智庫粉絲團　Facebook.com/broadthinktank